KB142892

매일 결혼하는 남자

매일
결혼하는
남자
강경남(매결남) 지음

Prologue

나는 365일 신랑 신부님과 상담하고, 매주 주말 결혼식장에 가서 그들의 가장 아름다운 순간을 촬영하여 담는 사람이다. 그렇게 매일, 매주, 매년 결혼하는 남자로 살아온 지 어느덧 10년이 넘었다. 그동안 수많은 신랑 신부들을 만나고 그들과 소통하면서, 항상 두 가지 사실이 안타까웠다.

첫째, 예비부부들이 우리나라 웨딩 시장의 현실을 너무 모른다. 우리나라 웨딩 시장의 구조를 그들이 자세히 알 수 없는 것은 당연하다. 일단, 결혼이라는 것이 처음인 데다가 주변에 물어봐도 제대로 알려 주지 않으니까. 그리고 대부분 평생 처음, 한 번 하고 말 결혼이니 따로 공부하고 배워야 한다고 생각하지 않는다. 웨딩업계는 신랑 신부들에게 쉬쉬하는 것들이 많다. 그러니 이를 모르는 신랑 신부들은 속는 줄도 모르고 순진하고도 충실한 소비자가 된다. 수많은 웨딩업체가 이런 상황을 이용해 오랫동안 배를 불려 왔다.

둘째, 예비부부들이 의외로 자신의 필요에 대해 잘 파악하지 못하는 경우가 많다. 평소 본인이 갖고 싶었던 차나 명품 가방을 살 때는 재정 상황과 지급 형태를 꼼꼼히 따져 가며 구매를 결정하지만, 결혼 준비를 할 때는 제대로 묻지도 따지지도 않고 '평생 한 번'이라는 생각에 과감한 지출을 감행한다. 이런 선택은, 주로 웨딩박람회에서 난생처음 만난 웨딩플래너의 말에 휘둘린 결과일 때가 많다.

신랑 신부들은 '결혼 준비가 다 그렇지 뭐' 하면서 웨딩업체의 횡포를 잘 모른 채 계약을 하거나, 알고도 그냥 넘어가곤 한다. 매번 이렇게 되다 보니, 결국 아무것도 바뀌지 않은 채 업체들만 이득을 보고 신랑 신부는 피해를 보는 악순환이 계속된다. 이런 웨딩업계의 상황에 문제의식을 가지고 만든 것이 유튜브 '매일 결혼하는 남자'(이하 매결남)였다. 예비부부가 자신들에게 불리한 웨딩 시장의 현실을 모르는 채로 속지 않고 좀 더 현명하게 결혼을 준비할 수 있도록 돕고 싶은 마음에 시작한 콘텐츠였다.

이 책을 쓰는 목적 또한 그러하다. 웨딩이라는 수식만 붙으면 어마어마하게 가격이 뛰는 시장 구조 때문에 결혼을 거대한 장벽으로 느끼면서, 힘겹게 그 장벽을 뛰어넘으려 안간힘을 쓰는 이들에게 조금이나마 도움이 되고 싶다. 물론 결혼 준비에 정답은 없다. 각자의 상황이나 형편, 취향, 가치관 등이 다 다를 것이므로 선택은 제각각일 것이다. 그러나 적어도 그들이 잘 모르는 채로 선택하는, 아니, 선택 '당하는' 일은 없도록 돕는 것이 이 책의 목표다. 그런 의미에서 이 책은 웨딩 교육서라 할 수 있겠다.

웨딩업계에 많은 분야가 있지만, 그중 내가 몸담고 있는 본식업(사진 및 영상 촬영)은 지난한 결혼 준비를 마무리하는 본 예식 당일에 신랑 신부의 모습을 담고, 그들 인생에서 가장 아름답고도 결정적인 순간을 남기는 일이다. 나는 이 일이 웨딩 사업의 최전선이라고 생각한다. 본식은 웨딩홀, 스드메(스튜디오 사진 촬영, 드레스 대여, 메이크업과 헤어를 한데 묶어 일컫는 웨딩 용어) 등 힘겨운 결혼 준비 과정의 결정체이기 때문이다. 나는 그 결정체를 잘 담아내 보여주는 일을 하고 있다.

힘들었던 만큼 이 모든 과정이 신랑 신부에게 오래오래 기쁨으로 기억되기를 바란다. 결혼식이 다 끝나고 허니문까지 다녀오고 나면, 현실을 자각하게 되는 때가 온다. 카드 청구서를 받고 그간의 결혼 준비를 복기하는 순간이 온다. 그 때 자신의 선택을 후회하며 자책하는 것이 아니라, 부디 그 모든 과정을 기쁨으로 떠올릴 수 있기를 바라는 마음으로 이 책을 쓰고 있다.

이 책은 웨딩과 관련된 모든 사람이 읽었으면 좋겠다. 예비부부들은 물론이고, 이미 결혼한 이들, 곧 자녀를 결혼시킬 부모들도. 그리고 무엇보다 웨딩업계 종사자들이 이 책을 읽었으면 좋겠다. 웨딩업계 종사자들에게는 다소 불편한 이야기일 수도 있다. 하지만 웨딩업계를 진심으로 아끼고 사랑하는 마음에서 비롯된, 열악한 웨딩업 생태계의 발전과 건전한 웨딩 문화의 정착을 바라는 작은 외침으로 이해해 주기를 바란다.

그리고 또 한 가지, 모든 웨딩업체가 이 책에서 묘사하는 사례들처럼 악덕 업체의 모습을 하고 있는 것은 아니다. 이 어려운 시기에도 신랑 신부에게 진심을 다하고, 그들의 입장을 헤아리며 정직하게 웨딩 사업을 하는 분들이 있음을 반드시 알아주었으면 좋겠다. 나는 그런 정직한 분들이 아닌, 선의로 가득한 얼굴을 하고서 신랑 신부들을 속여 이득을 취하는 악덕 업체들이 있다는 것을 고객들에게 알리고, 예비부부 스스로 그들을 분별해 낼 수 있도록 가이드라인을 제시하고자 한다.

자, 이제 내가 바라본 웨딩업계의 이야기부터 시작해 보자.

목차

4 Prologue

Part 1 웨딩업계의 현실

14 처음 마주한 웨딩업계의 민낯

22 웨딩업계는 알려 주지 않는다

31 고객을 돈으로 볼 수밖에 없는 구조

38 도무지 해결되지 않는 문제점

48 '결송한' 시대

Part 2 결혼 준비 실전

56 상견례

61 웨딩홀

70 웨딩박람회

77 웨딩플래너

83 스드메(스튜디오/드레스/메이크업)

110 본식 촬영

123 예복

126 한복

129 부케

134 예물 및 예단

141 웨딩카

144 신혼여행

148 청첩장

Part 3 건강한 웨딩 문화를 위한 제안

154 고객과 적극적으로 소통하자

160 최고의 품질을 지향하자

170 계약금과 위약금을 받지 말자

177 자체 경쟁력을 기르자

184 어려운 시기일수록 드러나는 '진짜'

189 **Epilogue**

웨딩업계의 현실

처음 마주한 웨딩업계의 민낯

내가 웨딩업에 처음으로 발을 들인 것은 대학생 때다. 집안 형편이 넉넉하지 않았던 까닭에 학자금 대출을 갚고 생활비를 감당하려면, 주말 아르바이트를 해야 했다. 그래서 감자탕 가게에서 서빙 아르바이트를 했는데, 감자탕 뚝배기와 전골 용기가 그렇게 무거운지 그때 처음 알았다. 무거운 그릇들을 들고 서빙하는 일은 기본이었고, 설거지와 청소를 비롯한 온갖 잡무들도 다 아르바이트생의 몫이었다. 온종일 쉴 틈 없이 일을 마치고 돌아오면 녹초가 되어 다음 날 학교 수

업을 받는 데 지장이 있을 정도였다. 그 경험이 너무 강렬하게 뇌리에 남아 지금까지도 그 감자탕 집 이름을 기억한다.

내 처지가 너무 딱해 보였는지, 학과 선배가 웨딩 촬영 아르바이트를 추천해 주었다. 웨딩이라는 분야는 당시 내게는 조금 생소했지만, 나의 전공과도 딱 맞고 실습 경험도 쌓을 좋은 기회라는 생각에 조금도 망설임 없이 하겠노라고 대답했다.

웨딩이면 이렇게 비싸도 되는 걸까

아르바이트를 하기 위해 출근한 당일, 뜻밖의 상황에 맞닥뜨렸다. 곧바로 웨딩 촬영에 투입된 것이다. 아무리 내가 영상 전공자라 하더라도 웨딩 촬영은 처음인데, 최소한의 교육이나 오리엔테이션도 없이 현장에 급파되어 촬영을 한다는 것 자체가 충격적이었다. 건당 10만 원이나 하는 매우 좋은 조건의 아르바이트였는데, 이렇게 어설프게 일이 진행될 줄은 몰랐다. 이런 상황이다 보니 그 돈을 받아도 되나 싶어 적잖이 민망하고 당혹스러웠다.

웨딩 촬영은 생방송이나 다름없다. 웨딩홀의 어느 장소에서 촬영해야 사진이나 영상이 잘 나오는지, 어떻게 해야 시시각각 바뀌는 웨딩홀 조명에 잘 대처할 수 있는지 등을 리허설을 통해 미리 파악해야 한다. 하지만 대부분의 웨딩업체가 그런 철저한 사전 준비 없이 생방송에 임했다.

나 같은 영상 전공자가 투입되는 경우는 그나마 나은 편이었다. 알고 보니, 업계에선 영상과 전혀 관련 없는 비전문가를 아르바이트로 쓰는 경우도 매우 흔했다. 인건비를 절약하려는 차원이었을 것이다. 그런데 고객이 지불하는 비싼 웨딩 촬영 비용을 생각했을 때, 이런 현실은 매우 부조리했다.

물론, 50~100만 원 선이었던 당시 웨딩 촬영비의 시세에 비해 내가 소속된 업체의 단가는 40만 원으로 비교적 저렴한 편이었다. 하지만 이 가격 구조 안에서 업체는 50% 이상의 마진을 가져갈 수 있었다. 촬영 및 편집에 드는 인건비와 업체를 유지하기 위한 최소한의 고정비 등을 고려하더라도 말이다. 이것은 엄연한 폭리였다. 나중에 안 사실이지만, 내가 일했던 업체뿐만 아니라 전반적인 웨딩업계가 이런 구조

안에서 운영되고 있었다.

웨딩 본식 현장에서는 사고가 비일비재했다. 촬영 일에 숙련되지 않은 비전문가를 사전 교육도 없이 현장에 내보내는 일이 관행처럼 이루어지고 있는 환경에서, 이는 어쩌면 당연한 일이었다. 예식장 동선도 미처 파악되지 않아서 매끄럽지 않게 진행되는 경우가 대부분이었고, 영상이 제대로 찍히지 않는 경우도 부지기수였다. 이는 신랑 신부의 컴플레인을 받아 환불을 한다고 하더라도 해결되지 않는 치명적인 사고들이었다. 예식이 다 끝난 이후에야 심심치 않게 발견되는 이런 사고들은 열악한 업체일수록 더더욱 흔하게 벌어지는 일이기도 했다.

웨딩업계 전반에 가득한 이런 모순들은 결국 고스란히 고객의 피해로 돌아온다. 예비부부들은 설렘과 기대감을 품고 결혼에 임할 텐데, 이들의 그러한 심리를 이용해 업계는 폭리를 취한다. 실제 가치보다도 훨씬 더 부풀려서 거품이 가득 낀 금액을 책정하고, 그에 걸맞은 서비스를 제공하지도 않으며 끝까지 책임지지도 않는다. 그것이 내가 처음 마주한 웨딩업계의 민낯이었다. 이런 현실을 생각하면, 앞에서 아무것도 모른 채 웃고 있는 신랑 신부들에게 너무나 미안하고 그들을 보기가 부끄러워서 이 일을 계속할 수 있을까 하는 마음마저 들었다.

내가 이 일을 해 볼까?

그렇다고 아르바이트를 그만둘 수는 없었다. 하지만 업계 환경을 탓하면서 무기력하게 나 또한 똑같은 관련자가 되어 이 일을 하고 싶지도 않았다. 그래서 회사가 제공하지 않는 교육, 시스템, 매뉴얼 등의 부재를 대신해 내가 할 수 있는 일들을 찾아서 하기 시작했다. 회사가 가르쳐 주지 않으면 스스로 배우고자 노력했다. 촬영 스케줄이 나오면 반드시 사전 답사를 통해 현장의 동선을 파악하고 리허설을 했다. 그렇게 철저하게 공부하고 준비했으니 현장 촬영이 한층 더 매끄럽게 진행되고 영상의 퀄리티가 좋아지는 것은 당연한 결과였다. 고객의 만족도와 나에 대한 업체의 신뢰도도 더불어 올라갔다.

본격적으로 이 일을 하기로 마음먹은 계기는, 우연히 하게 된 지인의 웨딩 촬영이었다. 지인의 경제적 형편을 잘 알고 있었기에 비싼 돈을 들여 업체에 촬영을 의뢰하게 하고 싶지 않았다. 업계의 관행을 매우 잘 알고 있는 나로서는 모른 척할 수가 없었다. 그래서 결혼 선물이라 생각하고 내가 직접 무료로 웨딩 촬영을 해 주기로 했다. 친분이 두터운 만큼 부담도 컸다. 그렇게 걱정과 설렘을 동시에 안은 채 촬영이 시작되었고, 결과는 매우 만족스러웠다. 지인과 가족들의 반응이 너무나 좋았던 것이다. 그 어떤 업체의 홍보 샘플들과 비교해도 퀄리티가 떨어지지 않는다는 반응은 나에게 엄청난 기쁨과 자신감을 안겨 줬다.

이 일이 결정적 계기가 되어, 용기를 가지고 웨딩업을 나의 진로로 정할 수 있었다. 그때부터 머릿속으로 내가 하게 될 사업에 대한 밑그림을 그리기 시작했다. 최대한 거품을 제거한 착한 가격을 추구하고, 나아가 정직한 웨딩 문화를 정착시키기 위해 어떤 노력을 할 수 있을까 고민했다. 기존 업체들의 민낯을 마주한 아르바이트 경험은, 당시에는 많은 회의를 느끼게 했지만 결국 그들과의 차별점을 쌓는 데 도움이 되었다고 생각한다. 그 시간들 덕분에 지금의 유앤아이필름이 있을 수 있었다.

재능과 열정으로

부족한 전문성을 확보하기 위해 웨딩에 특화된 영상 공부와 실습이 필요하다고 판단했다. 그래서 뜻이 통하는 친구 몇몇과 함께 작은 웨딩 영상 동아리를 만들기로 했다. 그 과정이 순조롭지는 않았다. 우선, 주변 사람들의 시선이 곱지 않았다. 영상을 전공하는 사람들은 대부분 영화나 뮤직비디오 촬영감독과 같은 그럴싸한 영상 전문가를 꿈꿨고, 웨딩 촬영가를 장사꾼으로 여겼지 영상 전문가로 인정하는 분위기가 아니었다. 응원을 기대하는 것은 지나친 욕심이었다.

심지어 학교가 동아리 허가를 내주지 않아서, 우리는 궁여지책으로 작은 오피스텔을 빌려 활동하기로 했다. 유앤아이필름의 시작은 이렇듯 우여곡절도 많았고, 단출했다. 하지만 우리의 순간순간은 설렘과 벅참의 연속이었다. 시간이 지나자, 우리의 진정성을 알아보고 동참하는 친구들도 하나둘 늘어나고 학교에서도 필요한 장비들을 제공하며 우리를 지원해 주었다. 부단히 노력한 끝에 우리는 웨딩 촬영 사업의 기반을 마련할 수 있었고, 그렇게 첫발을 내디뎠다.

10년이 넘도록 이 업계에 종사하면서 느끼지만, 웨딩업은 참으로 돈 벌기 좋은 사업이다. 내가 몸담은 본식업계만 해도 그렇다. 웨딩이라는 상황의 특수함을 고려한다 하더라도, 일반 사진이나 영상과 특출하게 구별되는 장비나 기술이 필요한 것도 아닌데 '웨딩'이라는 수식만 붙으면 가격이 훌쩍 뛴다. 이 가격이 과연 합리적인 것일까?

고객들이 모르는 사실이 있다. 웨딩 상품의 기본 단가는 의외로 비싸지 않다는 것. 최종적으로 고객이 결제하는 비용은 대부분 처음 계약한 기본 단가에서 야금야금 추가 비용이 덧붙은 결과다. 지금부터 웨딩 리허설 촬영 현장에서 벌어지는 한 장면을 통해, 비용이 점점 불어나는 과정을 구체적으로 살펴보도록 하자.

스튜디오에서 무슨 일이?

신랑 신부에게 스튜디오 리허설 촬영은 힘든 과정이다. 그들은 몇 시간 동안 말 잘 듣는 순한 양이 되어 경직된 표정을 이리저리 바꿔가며 난생처음 하는 모델 역할에 충실히 임한다. 멋진 작품을 기대하면서 말이다. 업체는 시간과 비례하여 다양한 콘셉트로 촬영한다. 고객들의 만족도는 총량과 비례한다는 이론을 업체는 정확히 알고 있다. 고객들은 힘든 만큼 제대로 된 업체를 선택했다고 스스로를 안심시킨다. 촬영이 끝나면 보람마저 느낀다.

이제 자신들이 얼마나 예쁘게 나왔는지 확인할 차례다. 이 시간을 위해 비싸게 돈을 들여 힘들게 촬영했다. 하지만 이내 신랑 신부는 적잖이 당황하게 된다. 촬영만 끝나면 당연히 증명사진처럼 예쁘게 보정된 컷을 받아 볼 것이라 기대했는데, 담당자에게서 뜻밖의 말을 듣는다.

"원본과 수정본은 별도로 비용을 내고 구매하셔야 합니다."

계약할 때는 이런 조항이 있는 줄도 몰랐을 것이다. 뒤늦게 계약서에 조그맣게 적힌 '원본, 수정본 별도'라는 문구를 발견한다. 계약할 당시에 설명을 들었는지 기억조차 나지 않는다. 당연히 계약 금액 안에 자신들이 찍은 사진을 수령하는 금액도 포함되었다고 생각했다. 어쩐지 속은 기분이 들지만, 청첩장 및 다른 용도들에 사용하려면 사진들이 필요하므로 원본을 제외하고 수정본만 구매하겠다고 담당자에게 이야기한다. 그러나 돌아오는 대답은 '불가하다'는 것.

"원본을 사야만 수정본을 구매하실 수 있습니다."

선택적 구매가 불가능하다. 즉, 앞으로 결코 들춰볼 일이 없는 원본을 구매해야만, 수정본을 살 수 있는 것이다. 원본 33만 원과 수정본 11만 원, 정확히 부가세까지 포함한 금액이다. 점점 화가 나는 마음을 추스르고 앨범에 들어갈 사진들을 고르면서 차분하게 고민해 보기로 한다. 그래서 사진을 보여 달라고 하면, 또 다른 청천벽력과 같은 말을 듣는다.

"앨범에 들어가는 사진을 고르려면 '셀렉비'를 추가로 내셔야 합니다."

원래는 업체 측에서 임의로 사진을 추려 앨범을 만드는데, 고객이 직접 고르겠다면 비용을 지불해야 한다는 것이다. 게다가 선심이라도 쓰듯 "원본과 수정본을 사시면, '셀렉비' 없이 사진을 고르게 해드린다"는 멘트도 덧붙인다. 20여 장의 사진을 고르기 위해 무려 1,000장이 넘는 사진을 들여다보는 수고를 하는데도 오히려 돈을 내야 한다는 말에 신랑 신부는 아연해진다. 결국, 신랑과 신부는 원본과 수정본을 구매하기로 결정한다. 웨딩컨설팅에서 계약할 때까지만 해도 전혀 계획에 없던, 예상하지 못했던 지출이다.

이것이 끝이 아니다. "페이지 추가는 하지 않으시나요? 액자는요? 시부모님께 앨범 안 드리세요? 장인 장모님께도 드려야죠." 전혀 예상하지 못했던 옵션 제안이 줄줄이 이어지자 신랑 신부는 혼란에 빠지고, 결정을 재촉하는 듯한 담당자의 다소 고압적인 태도에 짓눌려 자동 로봇처럼 고개를 끄덕이게 된다. 그렇게 추가 옵션이 하나하나 덧붙는 사이, 비용은 계약서상에 명시된 단가의 배가 넘는 금액으로 훌쩍 뛴다. 아직 스드메의 시작 단계밖에 오지 않았는데, 앞으로 들어갈 비용들을 생각하니 신랑 신부는 벌써 힘이 빠진다.

왜 이런 일들이 발생하는 것일까? 계약서상의 그 금액은 그저 '찰칵 찍는' 비용에 불과했던 것일까? 왜 신랑 신부는 처음에 계약할 때 필수 옵션들이 있으며, 그 옵션들에 대한 추가 비용이 있다는 사실을 전혀 듣지 못한 것일까?

이유는 간단하다. 애당초 웨딩컨설팅이 스드메 상품 계약을 유도하기 위해, 신랑 신부에게 추가 옵션 비용에 대한 내용을 제대로 안내하지 않았기 때문이다. 웨딩컨설팅의 입장에서는 추가 옵션에 대해 영업할 의무가 없기도 하거니와, 계약 성사 확률을 높이기 위해 그 내용을 굳이 이야기하지도 않는다. 신랑 신부는 다른 이들보다 합리적인 가격으로 계약한 줄 알고 뿌듯해하지만, 위의 상황에서와 같이 거부할 수 없는 옵션들로 인해 눈덩이처럼 불어나는 비용에 경악하게 된다. 처음부터 추가 옵션들에 대한 안내를 받았더라면, 그들에게는 적어도 자신들에게 불필요한 지출을 선택하지 않을 기회라도 있었을 것이다. 그러나 업체가 다분히 의도적으로 정보를 누락한 까닭에, 고객은 그 기회를 박탈당한 셈이다.

뭐 그리 비밀이 많은지

웨딩업체 홈페이지에 문의하는 글을 남기면 보통 하루 이틀 뒤 연락처를 남기라는 답글이 달린다. 절대 바로 정보를 알려 주는 법이 없다. 그래서 번호를 남기면 연락이 오는데, 역시 그때도 바로 알려 주지 않는다. 웨딩박람회 광고 또한 그렇다. 웨딩컨설팅에서 주관하는 박람회 현장 또는 웨딩컨설팅 사무실에 직접 방문해야만 알려 준다고 안내한다. 가뜩이나 바쁜데 월차 또는 반차를 써야 하나 싶지만, 특수한(?) 상황인 만큼 귀한 시간을 낸다.

그런데 방문을 하면 정보만 주고 돌려보내는 것이 아니라, 뜬금없이 계약 이야기를 꺼낸다. 내 앞에 앉아 있는 사람이 쇼호스트인가 헷갈릴 정도다. 지금 바로 계약하지 않으면 큰일 날 것처럼 이야기한다. 며칠 후 당장 결혼할 것도 아닌데, 알아볼 시간이라도 주든가 말이다. 간신히 플래너를 떼어놓고 집으로 돌아가면 그 뒤로도 엄청나게 연락이 온다. "다 알아보셨어요?" "다음 주에 방문 가능하세요?" 그러라고 준 개인 정보가 아닌데 말이다.

애초에 신랑 신부에게 충분한 정보를 주지 않는다는 것이 문제다. 상품의 구성과 가격을 꼼꼼히 비교할 수 있도록 정보를 제공하고, 고민할 시간도 충분히 주어야 하지 않는가? 방문해야만 정보를 주고, 방문 당일 계약을 해야만 큰 혜택이 있다는 것 자체가 고객에게 매우 불리한 구조다. 예비부부 입장에서는 결혼 준비가 처음인 자신들의 순진함과 무지함을 이용해 계약 한 건을 따내는 데에만 혈안이 되어 있는 것처럼 보일 것이다.

아는 게 힘이다

웨딩업계는 영업 이익률이 50% 넘는 곳이 대부분이다. 심하게는, 100% 이상인 경우도 있다. '0' 하나를 더 붙여서, 10만 원짜리를 100만 원에 파는 업체도 있다. 이윤이 많이 남는 만큼 서비스의 질이 좋아진다면 모를까, 기본 퀄리티 수준인데 거기에다 추가 옵션 비용까지 줄줄이 붙는다. 가뜩이나 요즘은 결혼 인구가 줄어드는 추세라, 업체들은 부족한 매출액을 채우기 위해 가격을 더더욱 높이고 있다. 예전에 두 커플에 해당하는 비용이었던 금액을 이제는 한 커플의 비용에 다 녹여낸다. 업체는 어떻게든 손해 보지 않으려고 교묘하게 옵션을 붙여가며 고객을 쥐어짜고 있는 것이다.

눈 뜨고 코 베이는 웨딩 시장에서 신랑 신부가 취할 수 있는 최선의 태도는 본인들 스스로 미리 철저히 알아보고, 그것을 바탕으로 자신들에게 필요한 것들을 취사선택하여 최대한 비용을 절감하는 것이다. 모르면 당한다. 그러고 나서 뒤늦게 속았다는 기분에 사로잡힌다. 하지만 신랑 신부는 '한 번 하는 결혼이니까 기분 좋게 가자'며 자세히 따지지 않은 채로 넘어가고, 모든 것이 끝난 이후에도 '결혼 두 번은 못 하겠다'며 안 좋은 기억을 곱씹는 정도로 그치는 패턴이 반복된다. 문제 제기가 좀처럼 이루어지기 힘든 이런 구조 안에서 업계의 정직하지 않은 관행은 바뀌지 않은 채 지속되어 왔고, 이런 악순환이 지금까지 웨딩 시장을 이끌어 왔다.

하지만 고객들이 바뀐다면 희망이 있다. 우리 업자들에게 가장 무서운 존재는, 날카롭게 문제를 인식하고 꼼꼼하게 따지는 고객이다. 그러니 어차피 한 번 하고 말 결혼이라며 대충 해치우지 말고, 평생 한 번 하는 결혼인 만큼 시간을 들여 제대로 공부해 보자. 웨딩에 대한 설렘과 낭만은 잠시 접어 두고, 냉철하게 현실을 직시하고 직접 공부하길 바란다. 몰라서 당하고 손해 보는 일을 최소화하려면, 악덕 업체들의 패턴을 파악해야 한다. 그러려면 웨딩 시장의 전반적인 구조를 어느 정도 알아야 한다.

현재 웨딩 시장의 구조

유튜브를 시작할 무렵인 2018년 즈음, 웨딩 시장의 구조가 대형 웨딩컨설팅들을 중심으로 재편되는 분위기였다. 더불어 웨딩플래너의 역할도 중요해져서 전문대학에 웨딩플래너 학과가 개설되는 등, 웨딩업계에 많은 변화가 생긴 시기였다.

웨딩컨설팅이란?

직접 발품을 팔고 정보를 수집하며 결혼식을 준비하는 이들도 있지만, 사실 그러자면 많은 비용과 시간이 든다. 그래서 대부분의 신랑 신부들은 에너지를 절감하고 시행착오를 최소화하고자 웨딩컨설팅을 찾는다. 웨딩컨설팅업체는 흔히 '웨딩플래너업체', '결혼준비대행업체' 등으로 불리며, 회사에 자체적으로 소속된 웨딩플래너를 통해 고객의 결혼식 준비 계획 및 진행을 돕고, 제휴업체와 고객을 중개하는 역할을 한다. 보통 예비부부들이 결혼식을 준비할 때 스드메 업체나 본식업체 등과 관련된 정보를 얻는 주된 통로인 온·오프라인 박람회를 진행하는 것도 웨딩컨설팅업체(이하 '웨딩컨설팅')다.

여기서 한 가지 짚고 넘어갈 것이 있다. 인터넷 포털 사이트에 '결혼 준비'를 검색하면 웨딩 관련 커뮤니티들을 많이 찾아볼 수 있다. 맘카페에서 육아 정보를 공유하듯 그런 커뮤니티에 가입하여 회원들과 소통하며 결혼 정보를 주고받는 경우가 많다. 하지만 이런 커뮤니티들은 그저 커뮤니티일

뿐, 여기서 말하는 웨딩컨설팅이 아니다. 더욱이, 이곳에는 잘못된 정보도 많이 돌아다니고, 계약금만 받고 감쪽같이 사라지는 사기 영업도 많으니 조심해야 한다.

본래 '웨딩컨설팅'은 웨딩홀의 횡포를 막고자 하는 좋은 취지에서 등장한 것이었다. 지금은 주로 웨딩컨설팅을 통해 스드메를 포함한 각종 업체들에 대한 정보를 얻고 계약을 맺지만, 과거에는 웨딩홀이 그 역할을 했다. 웨딩홀은 특수한 이해관계로 결속된 제휴업체 위주로 계약을 체결하도록 강권했고, 결국 고객들은 그들만의 리그 속에서 희생양이 될 수밖에 없었다. 이른바 '끼워 팔기'가 성행했던 것이다. 그렇기에 당시에는 웨딩박람회도 사실상 의미가 없었다. 그러다가 웨딩홀의 이런 독단적인 영업 방식에 불만을 제기하는 목소리가 나오고, 이 문제가 사회적 이슈로 대두되면서, 고객이 보다 저렴한 비용으로 결혼식을 준비할 수 있도록 돕는 결혼대행업의 필요가 강조되었다. 이러한 배경 속에서 등장한 것이 바로 웨딩컨설팅업이었다.

철저한 상하 관계, 상납 구조

웨딩컨설팅은 고객에게 맞춤형 컨설팅 서비스를 제공하는 든든한 웨딩 조언자를 자처하였고, 이런 전문 웨딩 서비스의 수요가 높아질수록 웨딩컨설팅을 찾는 고객은 더 많아졌다. 이에 따라 고객의 주목을 받기 위해 웨딩컨설팅과 제휴를 맺어 입점하려는 업체들도 늘어나면서, 웨딩컨설팅이 주관하는 온·오프라인 플랫폼은 마치 웨딩 쇼핑몰처럼 고객이 다양한 웨딩 상품을 접하는 최상의 공간이 되었다.

이처럼 웨딩컨설팅의 규모가 커지고 자본이 집중되면서, 시장에서의 영향력 또한 강화되었다. 컨설팅 플랫폼에 입점하기 위해 업체들은 더욱 분발해야 했고, 박람회 참가나 플랫폼 상위 노출을 위해 광고비 부담이 가중되었다. 마케팅 의존도가 높다 보니, 개별 업체가 컨설팅 플랫폼에 입점하지 않고 독자적인 영업활동을 한다는 것은 불가능한 상황이 되었다. 웨딩업체는 제휴된 컨설팅회사로부터 고객의 데이터만 받아다가 충실히 서비스를 제공하는 역할만 할 뿐이다. 몇몇 악덕 웨딩컨설팅은 이러한 종속관계를 이용해 제휴업체로부터 폭리를 취하며, 마치 먹이사슬 구조와 같은 웨딩 시장에서 포식자처럼 군림하고 있다.

업체는 웨딩컨설팅과 제휴를 맺기 위해 보증금 명목의 비용을 치러야 한다. 연간 수백만에서, 많게는 수천만 원씩 요구받기도 한다. 이런 비합리적인 상납 구조는 웨딩 시장에서 꽤 일반적이다. 웨딩홀에 따라 본식스냅업체와 본식영상업체가 아예 정해져 있는 경우가 있는데, 이는 본식업체와 웨딩홀이 제휴를 맺은 것이다. 이런 경우, 보증금이 억대를 넘기도 한다.

그나마 보증금을 실징하고 입점하는 경우는 그래도 나은 편이다. 그마저도 여력이 없는 영세한 업체일 경우 웨딩컨설팅에서 상품을 판매한 후 판매대금에서 보증금에 해당하는 금액을 선차감해 간다. 이 경우 제휴업체는 장기간 수입이 없는 상태로 버텨내야만 한다.

이런 구조 안에서 업체는 어떻게 생존해 나갈까? 앞에서 살펴본 바와 같이, 고객을 상대로 한 추가금 영업과 같이 정직하지 않은 방식을 통해 폭리를 취하여 자신들의 매출을 채우는 수밖에 없다.

악덕 웨딩컨설팅, 웨딩업계의 괴물

웨딩업체가 자체 영업력을 키우지 않은 채 철저히 웨딩컨설팅에만 의존하는 구조는, 정말 실력으로 승부하는 좋은 제휴업체를 사라지게 만드는 악순환의 원인이기도 하다. 실제로, 웨딩컨설팅 소속 플래너에게 은밀하게 로비를 넣는 업체들도 있다. 그러면 그 플래너는 자기에게 잘 보이는 업체를 좋게 홍보하고, 그런 노력을 하지 않는 업체에 대해서는 나쁜 평가를 퍼뜨린다.

가령, 어느 업체가 마음에 안 들면, 플래너는 이렇게 고객을 유도한다.

"신부님, 이 업체 혹시 불편하지 않으셨나요? 잘 생각해 보세요. 불편한 점이 없었는지. 불편 사항은 인터넷에 후기로 남겨 주시고요. 그래야 개선이 되지요."

마치 좋은 일을 한다는 듯한 인상을 주며, 고객을 부추긴다. 그러면 사람들은 당연히 좋은(?) 마음으로 그 업체에 대해 부정적인 피드백을 남긴다. 결국 부정적인 후기는 이후 고객들의 선택에 영향을 미쳐, 급기야 계약이 취소되는 일도 벌어진다. 계약을 취소 '당한' 업체에는 취소 통보가 갈 뿐이다. 그런데 계약이 취소되어도 웨딩컨설팅은 손해 보지 않는다. 계약 당시 고객이 지급한 계약금이 웨딩컨설팅에 귀속되기 때문이다. 놀랍게도, 웨딩컨설팅업체는 가만히 앉아서 돈을 버는 구조다.

왜 단가는 비밀일까

인터넷으로 웨딩 정보를 검색하면 다양한 업체들의 사이트가 뜬다. 거기에 들어가면, 샘플 사진들을 통해 각 상품들이 어떻게 구성되어 있는지 확인할 수 있다. 그런데 스드메 업체 홈페이지에 들어가서 가격을 문의해 본 사람이라면 다 알겠지만, 대부분 공개된 페이지에서는 가격을 찾아볼 수 없다. 가격 문의는 무조건 비밀 댓글로 해야 한다. 대체 왜 그러는 것일까? 이는 단가를 노출하지 않기 위함이다.

업체들이 단가를 오픈하지 못하게 된 이유는 웨딩컨설팅과 맺은 컨설팅 계약 때문이다. 이 계약에 따라 업체들은 자신들의 업체 단가를 홈페이지에 공개하지 못한다. 각각의 업체 단가가 공개된다면, 웨딩컨설팅이 마진을 얼마나 남기는지 드러나기 마련이다. 그것을 막기 위해, 즉 거품을 숨기기 위해 그들은 '거품 조약'을 맺는다. 이런 속사정이 있는 까닭에, 업체들은 자신들 홈페이지에 상품의 가격과 구성을 노출할 수 없다. 다시 말해, 우리가 업체들 홈페이지에서 가격과 구성을 확인할 수 없는 이유는 바로, 웨딩컨설팅과 제휴업체가 은밀히 맺은 거래 관계 때문이다. 정직하지 않은 그들의 거래 관계는 상품의 가격을 터무니없이 올리는 결과로 이어진다. 그 피해는 고스란히 신랑 신부의 몫이다.

물론, 모든 웨딩컨설팅이 다 그런 것은 아니다. 정말 신랑 신부가 원하는 요소들을 진심으로 경청하고 함께 고민하고 최대한 해결책을 찾아 주기 위해 정성을 다하는 웨딩컨설팅회사도 있다. 하지만 이윤을 극대화하기 위해 잘못된 방식으로 사업을 운영하는 웨딩컨설팅이 많다는 사실과 그들의 불투명한 사업 방식에 대해 아는 것은 중요하다. 그래야 악덕 웨딩컨설팅을 만난다 하더라도, 속수무책으로 당하지 않고 분별하여 걸러 낼 수 있기 때문이다.

*** 왜 '스드메'일까?

왜 스튜디오, 드레스, 메이크업은 하나의 패키지로 묶였을까?

예전에는 헤어와 메이크업, 그리고 드레스를 따로 취급했었다. 드레스 업체, 메이크업 업체라는 말조차 없었다. 대신 이렇게 불렀다. 미용실! 예전에 엄마들이나 이모들이 했던 사자 머리를 기억하는지? 사자 머리를 한 미스코리아나 슈퍼모델들의 우승 소감에 등장하는 단골 레퍼토리도 있지 않은가. "신촌 어디어디에 아무개 미용실 원장님, 감사합니다." 그러면 주말에 그 미용실은 사자 머리를 하러 온 신부님들로 문전성시를 이루곤 했다. 웨딩 전문 스튜디오도 없었다. 예전에는 자연농원(현 에버랜드)이나 롯데월드, 올림픽공원 같은 야외에서 사람들이 다 쳐다보든 말든 상관하지 않고 웨딩 촬영을 하는 신랑 신부를 심심찮게 볼 수 있었다.
하지만 사람들은 기본적으로 멀티플렉스를 선호한다. 웬만하면 한 곳에서 많은 일을 한 번에 처리하길 원한다. 그래서 2000년대 초반에 웨딩 리허설 스튜디오, 드레스, 메이크업, 한복 등 결혼에 필요한 것들을 한꺼번에 알려 주고 상담해 주는 웨딩컨설팅이 등장하게 된다. 그런 과정에서 스드메 패키지는 웨딩컨설팅이 고객의 편의를 위해 만든 웨딩 온·오프라인 플랫폼 패키지 상품이었다.

웨딩플래너의 열악한 노동 환경

웨딩홀이 점점 힘을 잃어 가고 자신들이 원하는 스드메 구성을 추구하는 사람들이 늘어나자, 이 일을 안내하는 웨딩플래너라는 직업이 새롭게 부상했다. 웨딩플래너는 이름 그대로 계획plan을 세워 신랑 신부의 결혼 준비를 도와주는 사람을 뜻한다. 그들의 역할은 상담을 통해 고객의 직업, 소득, 취향 등에 대한 정보를 파악하여 그들에게 알맞은 결혼식 플랜을 제시하는 것이다. 그렇게 웨딩 비용 및 각종 웨딩 상품 등이 대략 결정되면 본격적인 결혼 준비가 시작된다. 웨딩플래너는 예비부부를 대신하여 웨딩홀을 잡고, 스드메를 꼼꼼하게 알아보고, 신혼여행을 예약하고, 혼수품을 구매하는 등 결혼식과 관련된 모든 업무를 대행한다. 진행 상황 및 준비물을 고객에게 알려 주고, 고객과 업체의 중간에서 조율하는 역할을 한다. 웨딩플래너는 신랑 신부가 결혼 준비를 진행하는 모든 과정에서 가장 믿고 의지하는 존재일 수밖에 없다.

고객들은 사실상 업체나 상품보다는 웨딩플래너라는 사람을 보고 계약 여부를 결정하는 경우가 많다. 그게 당연하다. 정보가 부족하기 때문에 해당 분야의 전문가를 의지할 수밖에 없기 때문이다. 게다가 눈앞에 있는 이 웨딩플래너가 친절하고 호의적이면 그를 믿고 계약할 가능성이 높다. 그런데 문제는, 그렇게 계약하고 나서 6개월 또는 1년 후에 결혼식을 올리려고 하면, 계약할 당시 소통했던 웨딩플래너가 퇴사하고 없는 경우가 많다는 것이다.

대형 웨딩컨설팅회사 여건상 인건비를 많이 쓸 수 없다 보니, 웨딩컨설팅에 소속된 플래너의 80% 이상이 프리랜서다. 그들이 유니폼을 입고 명찰도 달고 있으니 정규직처럼 보일 수 있겠지만, 대부분이 정규직이 아니다. 정규직과 똑같이 출퇴근하지만, 4대 보험에 가입되지 않은 경우도 많다. 그들은 프리랜서로 입사한 뒤 계약 체결 건이 일정 기준 이상에 도달했을 때 기본급과 인센티브를 받는 정직원으로 전환된다. 하지만 그렇게 되기까지 1년 이상, 길게는 무려 4~5년이 걸린다(정직원이 될 경우 인센티브 수당이 낮아지기에, 스스로 프리랜서 플래너를 자처하는 경우도 있다. 이들은 하나의 웨딩컨설팅회사가 아니라, 여러 회사에 소속되어 활동하는 프리랜서가 된다).

게다가 수많은 웨딩플래너가 1년을 미처 채우지 못하고 그만둔다. 그만큼 그들의 노동 환경이 열악하다는 얘기다. 예를 들어, 오늘 날짜로 계약을 성사시켰는데, 실제 결혼식은 6개월 후에 올린다 치자. 그럴 경우, 대부분 웨딩플래너는 계약 당일이 아니라 실제 결혼식이 이루어지고 난 다음 날에 인센티브를 받는다. 계약이 성사되면 그 자리에서 소액의 현장 수수료를 받긴 하지만, 그 계약이 실제 예식으로 이어져야만 제대로 된 인센티브를 받을 수 있다는 것이다. 하지만 예식까지 가지 못하고 결혼이 취소된다면? 그들이 받을 인센티브도 취소된다. 한 마디로, 아무리 한 달 동안 계약을 많이 성사시켜도 그것이 웨딩플래너의 수입으로 연결될 확률이 높지 않다는 것이다.

게다가 프리랜서는 기본급을 받는 것도 아니므로, 수입 자체가 없는 채로 몇 달을 보낸다. 그렇게 다른 일과 겸업하면서 가까스로 버티거나, 아니면 못 버티고 그만둔다. 혹자는 예식까지 완료되고 나서야 웨딩플래너에게 인센티브를 지급하는 것을 가리켜, 플래너가 중간에 무책임하게 그만두는 것을 막으려는 좋은 취지에서 비롯된 구조라는 식으로 말하기도 한다. 그러나 단언컨대, 이것은 기본급도 없이 사람을 묶어 두는 것, 그 이상도 이하도 아니다.

상황이 이렇다 보니 웨딩플래너는 신랑 신부를 그저 돈으로 볼 수밖에 없다. 하루라도 빨리 결혼식을 올려 자기의 수익으로 연결되기만을 바란다. 특히, 코로나 상황으로 인해 결혼식이 미뤄지는 경우가 많은 요즘 같은 때 웨딩플래너들은 더더욱 힘들어진다. 실제로, 내가 업무 중에 만난 웨딩플래너의 절반 이상이 이 일을 그만두었다.

이렇게 담당 웨딩플래너가 퇴사하면, 그가 성사시킨 계약 건은 어떻게 될까? 계약 고객에 대한 데이터베이스를 팀장이나 국장급 인사가 가지고 있다가 신입 웨딩플래너가 오면 그들에게 넘기면서 이렇게 생색을 낸다.

"이 계약 건 너한테 주는 거니까, 열심히 해서 내년에 돈 받을 수 있도록 버텨."

하지만 그렇게 바통을 이어받은 신입 플래너 역시 기본급도 없이, 언제 받을지 모르는 인센티브를 바라며 버틴다. 하지만 현실의 어려움을 견디지 못하고 이내 그만두는 악순환이 반복된다. 한 마디로, 이 시장은 웨딩플래너가 책임감을 가지고 일하기 힘든 구조이며, 고객들은 이런 상황에 놓여 있는 플래너만 믿고 결혼 준비를 맡기는 실정이다.

웨딩 아르바이트의 현실

지금 당장 포털 사이트, 또는 구인 광고 사이트에 들어가서 '웨딩 아르바이트'라고 검색해 보자. 특히 주말 아르바이트를 클릭해 보면, 웨딩 관련 아르바이트가 굉장히 많이 나온다. 대표적인 것이 '예도'라 불리는 예식 도우미와 홀 서빙이다. 또 한 가지가 더 있다. 웨딩 촬영 아르바이트. 촬영 아르바이트에도 스튜디오 촬영 아르바이트와 본식 촬영 아르바이트가 있는데, 여기서 나는 후자에 관해 이야기하고자 한다.

본식 촬영 아르바이트 활동을 아르바이트 촬영, 또는 프리랜서 촬영이라고도 한다. 주말에만 고정적으로 촬영하는 계약직 프리랜서도 있고, 경제 활동을 위한 단순 아르바이트가 아니라 자신의 포트폴리오를 만들기 위해 이 일을 하는 사람도 있다. 내로라하는 영상 관련 전문가들이 초년생 시절에 결혼식 비디오를 찍는 아르바이트생이었던 경우가 많다. 그리고 나 역시도 웨딩 촬영 아르바이트로 이 일을 시작했었다. 하지만 앞에서 이야기했듯이, '비전문가'가 본식 촬영을 할 경우 여러 문제가 발생할 수 있다.

수많은 본식업체의 행태를 보면 이러한 사실이 잘 드러난다. 그들은 계약 건수를 늘리는 데 혈안이 되어 있다. 그렇다 보니 업체 내부 촬영 인력을 넘어선 스케줄을 소화해야 하는 상황이 발생한다. 그러나 전문 영상 전문가 수급에 한계가 있는 탓에, 대다수가 급하게 비전문인 아르바이트생을 고용해 현장에 투입한다. 이런 경우, 일단 촬영을 하고 나서 추후에 보정으로 승부하겠다는 것이 업체의 전략이다. 더욱이 그들 입장에서는, 인건비가 절감되므로 고객에게도 저가로 호소할 수 있다는 장점이 있다.

그렇다면 고객들에게는 어떤 피해가 발생할까? 편집 컷이 매우 제한적이거나 소통 과정이 매우 복잡하다. 완성품을 받아 보기까지 기간도 들쑥날쑥하고, 너무 많은 시간이 소요된다.

단순 아르바이트 촬영 작가가 잠수를 타는 경우는 최악

의 사고다. 사진과 영상 원본 데이터를 남겨두지도 않고 연락이 두절되는 경우다. 본인의 실수를 숨기거나 실력을 감추기 위한 매우 악의적인 사례다. 이처럼 '사고'가 났을 경우, 고객이 보상을 받을 수 있을까? 안타깝게도 대부분은 제대로 된 보상을 받기가 힘들다. 제휴된 웨딩컨설팅에 항변을 해 보아도 별 도움이 되지 않는다. 웨딩컨설팅은 돈을 받고 이 업체를 입점시키고 홍보하는 입장이기 때문에, 팔이 안으로 굽듯 이런 사실이 문제로 확대되지 않기를 원하는 입장이다. 피해 내용을 후기나 또는 댓글로 올리면, 해당 웨딩업체는 그 글을 감추거나 지우는 방식으로 그 사실을 은폐하려 하며, 오히려 명예 훼손이라며 역으로 고소하기도 한다.

결국 소송을 통해 합의금이나 환불을 받는다 하더라도, 그날의 소중한 추억의 결과물은 어디에서도 찾을 수 없게 된다.

결혼을 앞둔 예비부부들에게 코로나 시대는 불안하고 초조한 나날의 연속이다. 2주 간격으로 발표되는 방역 당국의 거리 두기 지침에 온 신경을 집중하고, 마치 수능 성적 발표를 기다리는 학생처럼 가슴 졸이고 피가 마르는 심정으로 하루하루를 보낸다. 예측이 가능하면 대책이라도 세울 텐데, 코로나의 행보는 당최 예측할 수가 없다. 그저 제발 무사히 내 결혼식 날만 피해 가기를 간절히 기도할 뿐. 그러나 그 간절한 바람을 비웃기라도 하듯 코로나가 맹위를 떨치면서 거리 두기 단계가 상향 조정되면, 신랑 신부들은 그야말로 덫에 걸리고 만다. 이러지도 저러지도 못 하는 상황에 처하게 된다. 결혼식을 강행해도 거리 두기 단계에 따라 적잖은 부분을 변경해야 하고, 연기 또는 취소 시에도 엄청난 경제적 손해를 감당해야만 한다. 결혼식은 치르지도 못했는데, 청구되는 위약금 명세서는 불합리하기 짝이 없다.

그러나 아무도 이들을 도와주지 않는다. 대부분의 웨딩업체는 자신들의 손해를 최소화하려고 이들의 절박함을 헤아리지 않는다. 오히려 그 절박함을 악용하여 폭리를 취하려 든다. 그렇다고 공정거래위원회와 같은 정부 기관으로부터 도움의 손길을 바라는 것은 너무나 낭만적인 기대다. 팬데믹 상황에서 등장한 신조어가 있다. '결송합니다'. '결혼해서 죄송합니다'의 준말이다. 결혼을 준비하는 청년들이 맞닥트린 웨딩업계의 실태와 그들의 처지는, 정말이지 이런 시국에 결혼하는 게 죄라며 자조할 수밖에 없는 상황이다.

물론 웨딩업계도 칼바람을 고스란히 감내하고 있다. 그야말로 웨딩업계의 IMF 시대라는 말은 과장이 아니다. 폐업하는 업체가 속출하고 있고, 버티면 그래도 기회가 있겠지하는 심정으로 버티는 업체들도 사실상 투잡을 뛰며 생계를 이어 가고 있는 실정이다. 이런 상황이다 보니, 웨딩업체들 스스로도 생존을 위한 자구책을 마련하고 있다. 다만 그 부담이 고객에게 전가된다는 점에서 근본적인 해결책이라 할 수 없다. 계약금을 떼거나 위약금을 물리는 방식은 이제 단절해야 한다. 고객을 호구로 전락시키는 악순환의 고리를 끊지 못하고서는 결코 건강한 미래를 기대할 수 없기 때문이다.

두 번 우는 신랑 신부들

그래서 최근 '결송한' 코로나 상황에서 이 위약금 문제가 새삼 불거지고 있다. 단순 변심이 아니라 천재지변인 팬데믹 상황에서 국가의 지침 때문에 오랜 시간 준비해 온 예식을 취소하는 것도 억울하고 난감한데, 위약금까지 부담해야 하는 상황이 과연 합리적일까?

위약금은 신랑 신부가 그날 결혼을 안 한 대가로 지불하는 돈이다. 위약금을 요구하는 업체의 논리는, 예컨대 이런

식이다.

"본식을 연기하시면, 어쨌든 저희는 그날 예정되었던 수입이 없어지니까 손해를 보거든요. 20만 원 계약금 내셨으니, 잔금 30만 원 주세요. 그러면 연기해 드릴게요."

취소한다고 하면, 더 노골적이다.

"고객님이 취소하시는 바람에 저희는 그날 다른 사람한테 드레스를 못 입히고 결국 손해를 보잖아요. 거기에 대한 비용을 지불하셔야 해요."

이것이 바로 위약금이다. 그런데 이들이 결혼식을 하게 되면, 그때 업체는 선심 쓰는 척을 한다.

"그때 위약금도 내셨으니 30만 원 할인해 드릴게요."

코로나 시대에 웃을 수 없는 결혼식 풍경은 이뿐만이 아니다.

"인원 제한 조치와 상관없이, 보증인원 200명분 식대 비용은 지급하셔야 합니다."

어이가 없어서 말문이 막히는 순간이다.

"식사 대신 답례품으로 대체하셔도 됩니다."

이 경우는 더더욱 심각하다. 5만 원짜리 식권 기준으로 대체되는 답례품의 퀄리티가 너무 떨어지기 때문이다. 인터넷 구매가로 2~3만 원 내외의 제한된 상품들 중 선택해야 하기 때문이다. 우리는 예로부터 애경사를 치를 때 음식 대접에 대해서만큼은 품이 크다. 정성을 다해 음식을 준비하고 대접하는 것을 중요시하는 민족이다. 그런데도 식사 대접도 못 하고 돌려보내 죄송하고 섭섭한 마음을 대신하고자 답례품을 드리는 것인데, 퀄리티가 낮은 제품으로 몰아넣어서야 되겠는가?

이렇게 신랑 신부들은 누구 하나 책임져 주지 않는 열악한 현실 속에서 본인의 평생 한 번인 결혼식을 치러야 하는 웃픈 시절을 지나고 있다.

결혼 준비 실전

상견례는 결혼을 약속한 두 집안이 처음으로 예를 갖추어 만나는 자리인 만큼, 사려 깊은 준비가 필요하다. 여기서 중요한 것은 상견례가 양가 부모님을 처음 뵙는 자리여서는 안 된다는 것이다. 사전에 서로의 집안에 정성이 담긴 작은 선물을 들고 찾아가 먼저 인사드리는 과정을 거친 후 상견례를 진행하는 것이 예의다.

상견례를 진행하기 전에 사전 준비를 철저히 하길 권한다. 좋은 대화의 자리가 될 수 있도록 어떤 주제로 이야기를 나눌지, 어떤 부분을 조심해야 하는지 양가 부모님께 미리 귀띔해 드리도록 하자. 이를 위해 신랑 신부가 충분히 소통하면서, 서로의 다른 점들에 대해 인식하고 인정하는 과정이 필요하다.

원활한 상견례를 위한 실전 꿀팁

TIP 1 시간과 장소

2~3주 전에 미리 날짜를 잡는다. 큰 명절을 앞두고 있다면, 명절 1~2주 전에 만나는 것도 좋다. 되도록 점심 식사를 함께하길 권한다. 식사 이후에 대화가 계속 이어질 수도 있는데, 낮이어야 시간의 압박을 받지 않고 서로 부담 없이 이야기를 나눌 수 있기 때문이다. 약속 시간 10~15분 전에 도착할 수 있도록 시간적 여유를 가지고 움직이는 것이 바람직하다.

계속 자리를 비우며 움직여야 하는 뷔페보다는, 코스 요리가 나오는 음식점이 좋다. 그리고 조용히 이야기할 수 있는 룸으로 예약하는 것을 추천한다. 물론, 약속 장소는 양가의 지리적 위치와 교통, 식습관 등을 종합적으로 고려해 결정해야 한다. 주차 조건은 사전에 체크하자.

서로의 지역이 다른 경우 중간 지역에서 만나기도 하지만, 꼭 그렇게 하지 않아도 된다. 잘 상의하여 서로의 마음이 편할 수 있는 곳으로 정하자.

TIP 2 자리 배정과 가족 소개

먼저 도착한 가족이 하석에 앉고 상석은 비워 둔다. 여기서 상석은 대체로 입구에서 먼 자리를 말한다. 보통 아버지, 어머니 순서로 상석에 앉고, 신랑 신부는 입구 쪽에 앉지만, 가족이 많은 경우 신랑 신부가 가운데 앉기도 한다. 자리 배정에 대해 미리 상의하는 것이 좋다.

아버지를 먼저 소개하고 그다음에 어머니, 형제 순으로 소개한다. 이때 반드시 두 손 전체를 사용하여 소개할 사람을 향하게 한다.

TIP 3 상견례 주의 사항

두 집안이 처음 대면하는 자리인 만큼 예물, 예단 같은 돈과 관련된 민감한 이야기는 하지 않는다. 이 부분은 상견례 이전에, 집안끼리 서로 의견을 주고받음으로써 어느 정도 정해 두는 것이 좋다. 만일 예기치 못하게 상견례 자리에서 그런 이야기가 나온다면, 서로의 이야기를 경청한 뒤 추후에 각자 집안에서 내부적으로 의견을 조율하여 신랑 신부를 통해 의견을 주고받길 권한다. 그 밖에 본인 자랑이나 집안 자랑, 자칫 예민해질 수 있는 정치 또는 종교 이야기도 삼간다.

그리고 상견례 당일은 되도록 음주를 하지 않도록 한다. 상견례 장소에서 이벤트로 갑자기 술을 가지고 들어오는 경우가 있는데, 그럴 때는 나중에 자리를 따로 마련하여 이 술을 그때 함께 마시자고 말씀드리는 것이 좋다.

비용 결제 방식에 대해서는 사전에 신랑 신부가 논의하여 정한다.

TIP 4 시간 제한

상견례는 가족을 소개하고 상대방을 무한히 칭찬하며 높여 주는 자리다. 너무 구체적인 사안을 논의하기보다 대승적인 대화를 나누도록 하자. 만남의 시간은 1~2시간 정도로,

다소 부족한 듯 시간을 잡는 것이 좋다.

TIP 5 상견례를 마친 후

상견례가 끝나자마자 신랑 신부만 따로 만나는 경우가 종종 있는데, 이는 피하는 것이 좋다. 그날은 데이트도 하지 말고 곧바로 각자의 집으로 돌아가자. 상견례 후 비용과 관련된 현실적이고도 민감한 이야기가 양가에서 오고갈 수 있는데, 이 내용에 대해 예비부부가 바로 대화를 나누면 괜한 말이 오가며 감정에 금이 갈 수도 있기 때문이다. 그러니 되도록 상견례 날은 각자의 가족들과 함께 귀가한 후 서로의 생각을 정리하는 것을 추천한다.

상견례가 끝난 후 서로 조율해야 할 사항은 1~2주 이내에 협의하여 양가에 의견을 전달하는 것이 좋다. 조율하는 시간이 너무 길어지면 서로 오해할 수 있으므로, 결정된 내용이 있다면 작은 것이라도 서로 공유해야 한다.

결혼식 준비의 시작

결혼식을 준비할 때 가장 먼저 결정해야 하는 것은, 바로 웨딩홀이다. 웨딩홀이 정해져야 결혼 날짜와 시간도 확정된다. 웨딩홀은 빠르게 마감되므로 9개월 전에, 적어도 6개월 전에는 미리 계약하는 것을 추천한다.

예식 시기와 지역 정하기

구체적인 날짜가 아니라, 대략적인 월과 요일 정도만 정하자. 보통 주말에 결혼식을 올리므로, 그 범위 안에서 고를 수 있는 선택지는 기껏해야 8~10개 정도밖에 안 된다. 결혼하고 싶은 날을 정한다고 하더라도 자신이 원하는 웨딩홀에 예약이 꽉 차 있을 가능성이 크니, 여러 선택지를 잡아 놓자. 또한, 명절이나 가족 행사와 겹치지 않도록 주의한다.

어느 지역에서 예식을 할지는 상견례를 하기 전에 정해 놓는 것이 좋다. 이는 두 집안이 협의하여 결정해야 할 문제이므로 어느 정도 부모님의 의견을 반영해야 한다. 하지만 정말 원하는 웨딩홀이 있다면, 그 웨딩홀이 있는 지역을 조심스럽게 어필해 보는 것도 나쁘지 않다. 왜냐하면 결혼식의 주인공은 신랑과 신부 두 사람이기 때문이다.

예식 형태 정하기

동시예식으로 할지, 분리예식으로 할지를 정한다. 예식 형태에 따라 예식 장소 또한 달라지기 때문이다. 동시예식은 예식과 식사가 한 장소에서 이루어지는 방식이다. 초대할 인원이 많거나 여유롭게 예식을 진행하고 싶은 경우에 추천한다. 예식 시간이 길어서 대관료나 식대가 비싼 편이지만, 하객들이 이동할 필요가 없으므로 예식에 대한 집중도를 높일 수 있다는 장점이 있다. 일반 웨딩홀보다는, 호텔이나 컨벤션이 예식 장소로 적합하다.

반면, 분리예식은 예식과 식사가 분리되어 진행되는 방식이다. 우리나라에서 흔히 볼 수 있는 예식이며, 짧은 시간 안에 예식을 치르므로 대관료나 식대 등과 같은 비용 부담이 적다. 하객들 역시 빠르게 예식을 보고 갈 수 있기 때문에 부담 없이 방문할 수 있다.

웨딩홀 검색하기

지역이 정해졌다면, 이제는 웨딩홀을 검색할 때다. 가장 먼저 고려해야 할 것은 예산이다. 웨딩홀마다 금액대가 천차만별이므로 예비부부가 정해 놓은 예산 안에 있는 웨딩홀을 선별하는 것이 중요하다. 그다음 대중교통을 이용해 찾아오기 쉬운지, 자차를 가져왔을 시 주차가 편한지, 피로연 음식은 괜찮은지, 홀의 분위기가 취향에 맞는지 등을 살펴봐야 한다. 저마다 중요시하는 요소가 다를 수 있으니 상대방과 잘 상의하여 웨딩홀 후보를 정해 보자. 함께 논의해야 할 필수 사항들은 다음과 같다.

웨딩홀 필수 체크 사항

보증 인원	·미리 설정해 두는 최소 하객 인원. ·만일 보증인원을 200명으로 설정했다면, 당일에 150명만 왔다 하더라도 200명분의 식대를 모두 지급해야 한다. ·같은 웨딩홀이라도, 각 홀마다 보증인원이 다를 수 있으니 확인하자.
식대	·현금가 할인율 확인하자. ·식대에 음주류 비용이 포함되는지 확인하자. 별도일 경우, 각 잔당 추가금이 발생한다. ·부가세 포함 가격인지 확인하자. 웨딩홀 견적서상의 가격에 당연히 부가세가 포함되어 있으리라는 생각은 금물이다. 사전에 설명해 주지 않으니 반드시 체크하자!

교통	·대중교통을 이용하는 하객을 위해 셔틀버스 운행 여부를 파악하자. ·가급적 웨딩홀 건물 자체에 넉넉한 주차 공간이 있는 곳을 선택하자. 주차 조건이 여의치 않을 경우, 웨딩홀 인근 무료 주차가 가능한 공간 및 시간을 파악하고, 주차장 규모를 체크하자.
예식 시간	·분리예식일 경우, 예식이 진행되는 데 걸리는 시간을 파악하는 것도 필요하다. 홀이 여러 개일 경우, 예식이 겹쳐 하객들이 혼선을 빚는 경우도 있기 때문이다.
대관료 및 추가 비용	·홀의 꽃 장식, 특수 연출(플라워 샤워와 같은), 폐백실 이용 및 폐백 의상 대여에 따른 부대비용이 있는지 확인하자. ·필수 옵션들이 있는지 확인하자. 예컨대, 해당 웨딩홀에 제휴되어 있는 본식업체 외에는 다른 업체를 부를 수 없다는 조건이 붙어 있을 수도 있다.
현장 분위기	·웨딩홀 투어 시 버진로드의 길이나 단상의 높이, 홀의 색상 등을 확인한다. ·실제로 예식이 이루어지는 현장에 가 보는 것도 좋다. 사람들이 꽉 찼을 때 홀의 분위기가 어떤지, 식전영상의 화질 및 MR 음질이 괜찮은지 직접 보고 듣고 판단하는 것이 정확하다. ·음식의 경우, 사전에 문의하여 직접 시식해 볼 수도 있다.
할인 꿀팁	·골든타임(보통 토요일 오후 12~14시)을 비껴 간 예식 타임을 선택하면 대관료를 안 받거나 식대 및 부대비용 할인 등 다양한 혜택을 주는 곳이 많으니, 이를 잘 활용해 보자. 골든타임은 다른 예식의 하객 때문에 붐비고 주차하기가 불편해서 생각보다 만족도가 높지 않다. ·잔여타임 이벤트를 활용하자. 잔여타임이란 계약 취소로 인해 남아 있는 예식 시간대로, 식대나 대관료 할인 등 파격적인 혜택이 뒤따르니 이를 적극 활용하자. 잔여타임은 빨리 마감되므로 1~2일 이내에 서둘러 결정하길 권한다. ·비수기(1, 2월 또는 7, 8월) 할인을 공략해 보는 것도 좋다. ·보증인원을 늘리면 식대를 할인해 주는 곳이 많다. 그러므로 보증인원 조정 기간을 넓게 확보해 놓는 것을 추천한다. 본식 당일에 인원을 추가할 수 있는지 여부도 체크하자.

견적 미리 확인하기

웨딩홀 선택지를 정한 뒤 가장 먼저 해야 할 일은 견적을 받는 것이다. 미리 금액대를 예상하고 후보를 정했다고는 해도 실제로 견적을 받아 보면 예상 금액을 훨씬 웃도는 경우가 종종 있다. 특히, 전화나 이메일로 받는 견적은 최종 할인가가 아니므로 주의하자. 직접 웨딩홀에 방문해 상담하며 견적을 받길 바란다.

***** 웨딩홀 연락 전 체크 포인트**

웨딩홀에 연락을 취하기 전 웨딩홀을 워킹으로 알아볼지, 아니면 웨딩플래너를 통해 알아볼지를 먼저 결정해야 한다. 워킹이란, 웨딩플래너의 도움 없이 예비부부가 직접 발품을 팔아 정보를 수집하여 웨딩업체를 선택하고 결혼 준비를 진행하는 것을 말한다. 직접 알아보고 계약하는 것이므로 웨딩플래너에게 들어가는 비용을 줄일 수 있다는 장점이 있다. 반대로 웨딩플래너를 통해 알아보면 별도의 비용이 추가되지만, 웨딩홀 계약 시 포인트나 캐시백 등의 혜택이 주어지기도 한다. 어떤 것이 자신들에게 맞는 방식인지 고려한 뒤 계약하는 것이 가장 좋은 방법! 다만, 웨딩홀에 워킹 상담 고객으로 개인 정보 기록이 남으면 나중에 마음이 바뀌어 웨딩플래너를 통해 계약하더라도 그에 따른 혜택을 받지 못한다. 그러니 섣불리 웨딩홀에 연락하지 말고 신중히 고민하여 직접 정보를 수집할지 웨딩플래너를 통해 진행할지 결정하도록 한다.

계약서에 명시된 내용을 체크하자

웨딩홀을 계약하고 나면, 계약서 내용을 꼼꼼히 체크해야 한다. 혹 다른 웨딩홀을 알아보고 싶다면, 계약서에 명시된 무료 취소 기간과 환불 규정을 잘 확인하고 진행하도록 하자. 많은 이들이 먼저 계약한 웨딩홀에 미안해서 계약을 취소하지 않고 그냥 진행하곤 하는데, 그러지 않아도 된다. 계약서에 명시된 기간 안에 이루어지는 모든 변경에 대해서는 웨딩홀도 크게 손해 보지 않을 수 있으니 편하게 진행하

*** 웨딩홀 패키지는 괜찮을까?

웨딩홀에서 상담을 받다 보면, 웨딩홀 패키지를 권하기도 한다. 웨딩홀 패키지(이하, 홀 패키지)란 웨딩홀에서 스드메를 모두 진행하는 것으로, 해당 웨딩홀이 제휴된 스드메업체를 추천하는 상품이다. 이를 선택할 시 할인 혜택이 주어지기도 한다.
스드메 정보를 알아본 상태에서 홀 패키지 상품이 맘에 든다면 상관없지만, 그것이 아니라면 웨딩홀을 먼저 예약한 후 스드메는 여유 있게 알아보길 권한다! 패키지 상품은 아무래도 선택의 폭이 좁을 수밖에 없기 때문이다. 웨딩홀은 100% 환불이 가능한 기간이 있으니, 그 기간 안에 알아보면 된다. 물론, 고민할 새 없이 급하게 예식을 올려야 하는 커플의 경우 홀 패키지가 도움이 되기도 한다.

면 된다.

웨딩 용어에 익숙해지도록 결혼을 준비할 때 많이 쓰는 단어들을 정리해 두는 것이 좋다. 다음은 웨딩홀을 계약하기 전에 알아 두어야 할 용어들이다.

매결남 꿀팁! 웨딩홀 관련 용어 정리

베뉴	·'장소'를 뜻하는 말로, 웨딩홀과 같은 의미.
본식	·결혼식 당일.
대관료	·웨딩홀을 빌리는 데 드는 비용.
버진로드	·부부가 처음으로 함께 걸어가는 길을 의미하는 단어로, 웨딩홀에서는 신랑 신부가 행진하는 무대를 말한다.
보증인원	·결혼식 때 최소한도로 지불해야 하는 식대 인원수. 웨딩홀에서 미리 준비한 음식에 대해 손해를 보지 않기 위해 마련한 제도. ·하객이 덜 오더라도 반드시 이 보증인원에 대한 금액은 지불하겠다는 약속이다.
골든타임	·가장 인기 있는 예식 시간. 보통 토요일 12~14시.
잔여타임	·계약 취소로 인해 남아 있는 예식 타임. 이 타임은 무료 취소 기간이 얼마 남지 않은 까닭에 계약하면 취소가 어려운 대신, 여러 가지 혜택이 주어진다.
동시예식	·예식이 진행된 홀에서 식사까지 함께 진행되는 예식. 주로 호텔에서 많이 한다.
분리예식	·예식과 식사가 분리되어 각각 다른 공간에서 진행되는 예식. 우리나라에서 가장 일반적인 예식 형태.

단독홀	·단독 건물의 예식장, 또는 호텔의 경우 한 층에 하나의 홀만 있는 경우를 말한다. ·다른 홀과 분리되어 우리만의 예식을 진행할 수 있는 가장 좋은 형태의 홀.
식전영상	·예식 시작 전에 스크린에서 상영하는 영상
답례품	·결혼식을 찾아오신 분들에게 드리는 정성의 표현. ·식품으로 준비할 것이라면 유통기한이 긴 제품을 선택하길 권한다. 보통 와인이나 홍삼 등의 고급 선물로 준비하는 경우가 많다(단, 들고 가기에 무겁지 않은 품목이 좋겠다).
포토 테이블	·결혼식 당일 로비나 신부대기실 부근에 테이블을 설치하여 그 위에 리허설 촬영 때 찍은 사진을 진열하는 액자 세팅.
웨딩홀 패키지	·웨딩홀에서 스드메 및 예식 촬영을 모두 진행하는 것. 고객의 선택지가 해당 웨딩홀의 제휴업체로 제한된다.

결혼 준비가 생소한 예비부부들은 대부분 웨딩 전문가의 도움을 얻기 위해 웨딩컨설팅을 찾는다. 웨딩컨설팅 회사로 직접 찾아가기도 하지만, 대부분은 웨딩컨설팅이 진행하는 웨딩박람회를 방문한다.

웨딩박람회는 세 군데 이상 방문해 보길 권한다. 박람회 투어를 통해 다양한 업체들의 상품 구성과 샘플을 확인하고 인지한 후, 자신의 취향과 예산에 알맞은 곳을 선택하고 진행하는 것이 바람직하다. 처음에는 설명을 들어도 뭐가 좋고 나쁜지 구분이 안 되므로, 그냥 학습하고 정보를 얻는다는 마음으로 방문하는 것이 좋다. 그렇게 접하다 보면, 업체별 브랜드 정보도 눈에 익고 처음에 상담한 웨딩플래너가 말했던 웨딩 전문 용어들도 귀에 들어오면서 웨딩 관련 내용이 더 잘 이해될 것이다.

박람회 방문 전 : 호구 방지 준비 사항

박람회에는 매우 많은 업체가 입점해 있어서 업체의 샘플들을 일일이 살필 수 없다. 그러니 자신의 취향을 고려하여 스튜디오, 드레스, 메이크업을 각각 세 군데 정도 미리 알아보고 구성을 짜 보자. 그렇게 준비해 간다면, 그 많은 선택지 가운데서 효율적으로 취사선택을 할 수 있을 뿐만 아니라, 상담도 원활하게 진행된다.

결혼이 급해서 정보들을 알아볼 시간이 없다면, 그냥 박람회에 가라. 그리고 거기서 만난 웨딩플래너에게 "저희는 아무것도 모릅니다. 스드메가 뭔지도 모릅니다. 알려 주세요." 하고 솔직하게 말하면, 친절하게 상담해 줄 것이다. 단, 다음과 같은 주의 사항을 기억하자.

① 신랑 신부 둘 중 한 사람의 이름은 가명으로 적어도 좋다.

- 이는 추후 재견적을 받기 위함이다.

② 박람회 방문 전 신랑과 신부 중 한 사람의 연락처만 적는다.

- 이 또한 추후 재견적을 받기 위함이다. 보통 기프티콘을 준다고 하면서 방문 확인용으로 문자를 보낸다. 이와 같은 방식으로 고객 DB 수집이 이루어진다.

③ 계약 선물에 혹하지 않는다.

- 가계약 시 100% 환불이 되는지 확인하고, 이 내용은 반드시 구두가 아닌 서면으로 받아 놓는다.

④ 다양한 샘플을 많이 보고 온다.

- 고급 정보가 가득한 곳이니 최대한 이를 습득하고 오는 것이 좋다. 미리 챙겨 간 메모지나 핸드폰에 구성과 혜택을 적어 두는 것도 좋은 방법!

⑤ 박람회 방문 이후 직접 업체를 방문한 뒤 상담을 받는다.

- 웨딩컨설팅을 통해 알아보았을 때의 가격보다 비싸면, "그냥 컨설팅을 통해 하겠습니다" 하는 식으로 조율해 볼 수 있다.

⑥ 직접 방문 후 주차 시설 및 동선을 확인하고, 현장 분위기를 살핀다.

- 본식업체의 경우 사무실이 없는 유령회사를 걸러 낼 수 있다.

박람회 당일 : 웨딩플래너 상담 시 주의 사항

절대 '바로' 계약하지 말자

이날 박람회를 방문하는 목적은 웨딩 정보를 얻고 학습하기 위함이다. 아무것도 모르는 상태에서 얼떨결에 맺은 계약은 반드시 후회로 남는다. 아래 몇 가지 예시를 참고하도록 하자.

상황 1 만일 플래너가 현란하게 상품에 대해 설명하면서 오늘 당장 계약하지 않으면 손해 본다는 식으로 긴박감을 조성한다면?

"저희가 아무것도 몰라서 아직 마음의 준비가 안 되어 있습니다. 명함을 주시면, 다음에 한 번 더 방문하겠습니다." 이렇게 말하고 단호히 자리에서 일어나자. 분명 다음 주에 와도 그 조건 그대로일 것이다.

상황 2 계약금을 돌려준다며 당일 계약을 유도한다면?

절대 넘어가지 말길 바란다. 플래너의 마케팅에 넘어가 성급하게 당일 계약을 체결했다가 이후에 더 좋은 구성과 가격의 상품을 발견하고 취소하는 경우가 많은데, 이 때 취소 및 환불 문제로 어려움을 겪는 경우가 다반사다. 돈을 돌려받는 것은 굉장히 번거로운 일이다.

상황 3 현장 사은품이 너무 좋아 보인다면?

그 사은품을 받고 치를 대가가 너무 크다. 세상에 공짜는 없으며, 싸면서 좋기까지 한 것은 없다는 사실을 기억하자.

'내가 원하는 구성'과 '합리적인 가격'의 균형을 맞추자

아예 처음부터 웨딩플래너에게 내가 생각하고 있는 예산을 공유하면서, 이 예산 안에서 결혼 준비를 진행하고 싶다고 솔직하게 말하자. 그러면 플래너도 고객의 형편을 감안하고 반영하여 적정한 컨설팅을 해 줄 것이다.

저렴하게 결혼을 준비한다고 해서 무조건 좋은 것이 아니다. 자신의 취향을 고려하는 일도 중요하다. 그러므로 내가 원하는 스드메업체가 있다면, 플래너에게 먼저 질문해 보는 것도 좋다. 박람회 지정 패키지 상품 말고도 다른 선택지가 있을 수 있기 때문이다. 물론, 각 웨딩컨설팅마다 제휴된 업체가 다르다는 점을 유의해야 한다.

박람회 방문 후 : 업체에 직접 가서 확인하기

자, 이제 발품을 팔 차례다. 여러 박람회를 둘러보면서 알아본 스드메업체들의 주소와 나의 위치를 고려하여 가장 짧은 동선으로 발품 계획을 짠 뒤, 직접 업체로 찾아가 본다. 이때 질문할 사항들을 미리 준비해 가길 권한다. 그렇게 궁금한 점들을 문의하고 나서 찬찬히 둘러보라. 홈페이지에는 포토샵으로 잔뜩 보정된 사진들을 올려놓았을 것이므로 실제로 가 보면 실망스러울 수도 있다. 생각보다 규모가 작을 수도 있고, 주차할 공간이 없을 수도 있다.

이런 사례도 있다. 메이크업 전문 업체라는 화려한 홍보에 이끌려 평일에 방문해 봤더니, 동네 분들이 펌을 하고 있고 옆에서 아이들이 바가지 머리를 자르고 있었단다. 그곳은 전문 메이크업숍이 아니라, 그냥 동네 미용실이었던 것.

*** 박람회에서 얻는 정보로 충분하지 않나요?

박람회에서는 업체를 섞어 패키지로 구성해 놓으므로, 고객은 상품을 구성하는 각각의 단가조차 모르는 상태에서 '할인'이라는 타이틀에 이끌린다. '생각보다 저렴한데?' 하고 덜컥 계약한 후, 대개는 나중에 현장에서 예상치 못한 추가금 결제를 요구받는 상황에 맞닥뜨린다. 그때는 이미 서비스를 받은 상태라 안 할 수도 없는 상황이므로 '속았다'는 기분이 들어도 어쩔 수 없다. 그러므로 계약서를 꼼꼼히 살펴보면서 서비스 항목, 별도 항목, 추가 시 현장 결제 항목 등을 확인한 후 상품의 구성 및 패키지 가격과 관련해 해당 업체에 직접 방문하여 확인하는 과정이 필요하다. 그리고 박람회마다 구성과 단가가 다르기 때문에, 다른 박람회도 방문하여 해당 업체와 관련된 상품 구성의 견적을 받아 보고 참고하는 것이 현명하다.

모든 결혼 준비를 스스로 알아보며 진행할 수도 있지만, 결혼이 급한데 발품을 팔고 정보를 수집할 시간과 에너지가 부족할 경우 웨딩플래너의 도움을 받을 수 있다. 웨딩플래너는 신랑 신부를 대신하여 결혼 준비 일정을 짜고 진행하는 역할을 한다. 지인으로부터 플래너를 소개받기도 하지만, 웨딩박람회에서 플래너와 랜덤으로 연결되는 경우도 많다.

웨딩플래너에게 확인할 사항

정말 좋은 웨딩플래너란, 고객의 상황과 필요를 고려하여 그들에게 알맞은 결혼 계획과 상품을 제안할 수 있는 사람이다. 그런데 보험 영업하듯이 웨딩 상품 판매에만 열을 올리는 플래너들도 심심치 않게 볼 수 있다. 이는 플래너가 자신과 친분이 있는 웨딩업체를 강하게 홍보하는 경우이거나, 고객의 필요를 정확히 헤아릴 연륜이나 식견이 부족한 까닭에 굳이 필요하지 않은 상품을 추천하는 경우다. 연령이 어리거나 결혼 경험이 없는 플래너들이 후자의 모습을 보이는 경우가 많다. 물론, 나이가 적거나 미혼이어도 컨설턴트 역할을 잘할 수 있다. 하지만 결혼 준비 경험이 실제로 있다면, 예비부부의 이야기에 훨씬 더 섬세하게 공감하면서 그들에게 적절하고도 실제적인 서비스를 제공할 가능성이 확실히 커진다. 그러므로 본인보다 어려 보이는 플래너가 배정되었다면, 직접 물어보는 것도 좋다.

"혹시 플래너님은 결혼하셨나요?"

플래너가 다른 컨설팅업체에도 소속되어 있는지 확인하는 것도 필요하다. 만일 그렇다면, 프리랜서 플래너일 가능성이 높다. 자신의 플래너가 여러 웨딩컨설팅에 소속되어 있다고 해서 나쁜 것은 아니다. 오히려 유익을 얻을 수도 있다. 왜냐하면 고객 본인이 원하는 업체가 A컨설팅에는 없지만 B컨설팅에는 있을 수도 있기 때문이다. 그러니 처음부터 솔직하게 물어보면서 미리 확인해 보길 권한다.

*** 동행 플래너와 비동행 플래너, 어떤 것이 좋을까?

웨딩플래너는 동행 플래너와 비동행 플래너로 나뉜다. 동행 플래너는 상담부터 시작해 업체를 방문할 때도 스케줄에 맞추어 직접 동행하며 결혼식 준비를 챙겨 주는 형식인 반면, 비동행 플래너는 상담은 대면하여 진행하지만, 이후에는 비대면으로 진행하는 형식이다. 요즘은 비동행 플래너를 선택하는 경우가 훨씬 많다. 비용도 절감될 뿐만 아니라 애플리케이션 시스템도 체계적으로 잘 되어 있어서, 요즘 같은 비대면 시대에는 비동행 플래너도 나쁘지 않은 선택이라고 생각한다. 나의 결혼식 준비이므로, 웨딩플래너에게 너무 의지하기보다는 본인이 더 시간을 내 알아보고 선택하려는 노력이 필요하다.

플래너가 아닌, 계약서를 믿자

여러 박람회를 다녀 보아 업체별 비교 분석이 어느 정도 이루어진 상태에서, 구성이 마음에 들고 가격이 합리적이라고 판단된다면, 정식 계약을 진행하는 것을 추천한다. 절대 웨딩플래너라는 사람만을 보고 계약해서는 안 된다. 웨딩플래너는 이직률이 크므로 몇 달 후에 다른 플래너로 교체되는 경우가 많다. 우리는 오직 계약서에 명시된 내용만을 보장받을 수 있으니 계약서 내용을 꼼꼼하게 따져보자. 특히 옵션비, 지정비, 추가비까지 명시해 달라고 요청해야 한다.

간혹, 플래너가 계약서 종이에 이런저런 표시를 하면서 상담하는 바람에 계약서가 화살표, 별표, 동그라미, 숫자 등으로 지저분해지기도 한다. 그 계약서에 사인하는 것은 절대 금물이다. 계약서상에 표시된 내용을 잘 짚어 두었다가, 상담 후에 정자로 잘 작성된 계약서를 새로 받자. 그래야 추후에 혹여나 발생할 수 있는 분쟁에서 보호받을 수 있다.

그리고 스드메업체를 정할 때 플래너의 추천에 너무 의지하지 않도록 하자. 플래너도 사람인지라 본인에게 인센티브를 많이 주는 업체로 고객을 유도하는 경우가 많다. 플래너마다 주력으로 밀어 주는 스드메업체가 구분될 정도다. 그러니 절대 키를 웨딩플래너에게 넘겨주면 안 된다. 그러면 또다시 수정하고 번복하는 일들이 생긴다. 반드시 기억하자. '우리의' 결혼식을 준비하러 박람회에 온 것이다. 결정하는 주체는 신랑과 신부 두 사람이 되어야 한다.

다음은 웨딩 준비와 관련된 용어들이다. 난생 처음이라 어떻게 진행해야 할지 막막하기만 한 결혼 준비. 정답은 없다. 각자의 상황과 필요를 고려하여 자신에게 가장 맞는 방법을 선택하도록 하자.

매결남 꿀팁! 웨딩 준비 관련 용어 정리

웨딩 컨설팅	·이름 그대로, 예비부부들에게 웨딩에 관한 정보를 제공하고 결혼 준비와 관련해 컨설팅 서비스를 전문적으로 제공하는 일. 또는 그 일을 하는 사업체를 '웨딩컨설팅'이라고 일컫기도 한다. ·예비부부는 웨딩컨설팅에 소속된 웨딩플래너를 통해 컨설팅 서비스를 받게 된다.
웨딩 박람회	·웨딩컨설팅업체가 제휴업체 홍보 및 고객 유치를 목적으로 개최하는 행사. ·이곳에서 고객들은 수많은 웨딩 상품 및 정보를 한꺼번에 접하며, 대부분 이곳에서 웨딩플래너를 처음 만나게 된다.

웨딩 플래너	·결혼식에 관한 모든 것을 준비하고 신랑 신부의 스케줄 관리와 절차 및 예산을 기획 관리하는 사람. ·웨딩플래너가 상품만 판매하는지, 정말 나의 스타일과 예산을 모두 함께 걱정하고 설계해 주는지 잘 확인해야 한다.
동행 플래너	·상담뿐만 아니라 업체에 방문할 때도 직접 동행하며 결혼 준비 과정을 챙겨 주는 형식.
비동행 플래너	·상담만 대면하여 진행하고, 그 밖의 컨설팅 서비스는 비대면으로 진행하는 형식.
워킹	·웨딩플래너의 도움 없이 예비부부가 직접 발품을 팔아 정보를 수집하여 웨딩업체를 선택하고 결혼 준비를 진행하는 것.

스튜디오

스드메의 '스'에 해당하는 스튜디오에 대한 이야기를 해 보겠다. 스튜디오 촬영은 '리허설 촬영'이라고도 부른다. 대다수의 커플들이 결혼식 전에 화려한 스튜디오에서 풀메이크업을 하고 웨딩드레스와 턱시도를 입은 모습을 사진으로 남긴다. 요즘은 코로나 상황과 고가의 웨딩 촬영을 고집하지 않는 취향의 변화가 맞물려, 실내 스튜디오가 아닌 야외에서 캐주얼룩을 입은 신랑 신부의 자연스러운 모습을 촬영하는 '데이트 스냅'으로 리허설 촬영을 대체하는 이들도 많아지고 있다. 이에 따라 '데드메'라는 신조어도 생겼다. 또한, 스튜디오 촬영이 반드시 결혼을 앞두어야만 진행할 수 있는 것은 아니므로 그것을 과감히 생략하고 '드메'를 선택하는 이들도 적지 않다. 실제로 스튜디오 촬영을 생략하는 것은 결혼식 비용을 절감하는 좋은 방법 중 하나이기도 하다.

스튜디오 촬영을 결정했다면

비용을 따지기 전에, 샘플 앨범을 보면서 본인들의 기준과 취향에 맞는 업체를 선택하길 권한다. 그리고 시간을 절약하려면 샘플을 보기 전에 미리 기준을 어느 정도 정해 놓는 것이 좋다. 스튜디오의 샘플 앨범 하나를 들여다보는 데 10분이 소요된다면, 앨범 10개를 보는 데 100분이 걸린다고 봐야 한다. 게다가 청담동만 해도 스튜디오가 수십 개나 되는데, 다 돌아볼 수는 없지 않은가? 요즘에는 인스타그램에서 스드메, 리허설 촬영, 웨딩 스튜디오 등을 검색하면 수많은 피드와 게시물을 볼 수 있다. 그 피드에 스튜디오명이 반드시 있을 테니, 미리 알아보고 골라서 가 보는 것을 추천한다.

스튜디오에 가면 이전 샘플과 최신 샘플 두 가지를 보여준다. 그런데 이전에 나온 샘플이라고 해서 퀄리티가 떨어진다거나 촌스러워 보인다거나 무언가를 덜 찍는 것이 결코 아니다. 1년 전이나 몇 개월 전만 해도, 많은 이들이 그 버전을 신상이라 생각하고 찍었다. 그리고 무엇보다도, 이전 샘플이 조금 더 저렴하니 참고하도록 하자.

***** 스튜디오 홈페이지에 촬영 작가에 대한 소개가 없다면?**

촬영 스튜디오에 연락하여 촬영 작가가 프리랜서 작가인지 스튜디오의 정직원인지 문의해 보고, 그 작가의 이름과 연락처(명함)를 받도록 하자! 만일 아직 지정되지 않았다고 한다면, 90% 이상 로테이션 프리랜서 작가일 것이다.
프리랜서 작가라고 해서 반드시 나쁜 것은 아니다. 하지만 샘플 앨범과 평가를 보고서 스튜디오를 골랐을 텐데, 스튜디오에 소속된 정직원이 아닌 프리랜서 작가가 촬영한다면 기존에 맘에 들었던 스튜디오 스타일보다는 작가의 스타일대로 촬영될 것이다. 그렇다면 그 스튜디오를 선택한 것이 무의미해질 수도 있지 않은가? 또한 사후 관리 측면에서도 정직원 작가보다는 불편함이 있을 수밖에 없으니, 반드시 확인해야 한다.
스튜디오 위치를 파악한 후 직접 방문하여 상담해 보도록 하자. 막상 가 보면 웨딩 촬영 전문 업체가 아닌, 홈페이지만 그럴싸한 일반 증명사진 촬영 업체인 경우도 많으므로 꼼꼼하게 확인해 보길 권한다.

각종 추가금에 대해 미리 알아 두자

사진 콘셉트를 정하고 본격적으로 상담에 들어가면, 웨딩플래너나 촬영 담당자가 이렇게 말할 것이다.

"기본적으로 20P 구성이고, 원본과 수정본 별도 구입, 셀렉비 별도입니다. 사진을 추가하실 경우, P당 현장 결제비가 발생합니다. 그리고 이번 달에 계약하시면, 지금 20R 기본 액자를 서비스로 드립니다. 서비스로 드리는 액자는 아크릴액자가 아닙니다. 아크릴액자로 업그레이드하길 원하시면, 크기에 따라 추가금이 발생합니다."

20P란, 20페이지를 말한다. 즉, 20P는 20면으로 된 10장짜리 앨범을 말한다. 지금 여러분이 읽고 있는 이 책을 10장 집어서 두께를 체크해 보면 1cm도 안 나온다. 0.5cm도 안 될 것이다. 우리는 이 스튜디오 촬영을 위해 연차를 써 가며 귀한 시간을 냈고, 평소에 쓸 일이 없어서 딱딱하게 굳어 있는 안면근육이 떨릴 정도로 어렵게 촬영을 하였다. 그런데 그 결과물을 종이로 받아 들었을 때 고작 0.5cm도 안 된다면 얼마나 기분이 허탈하겠는가?

그래서 스튜디오가 만들어 주는 것이 '압축 앨범'이다. 이는 페이지와 페이지 사이, 즉 사진 2개의 면 가운데에 두껍고 딱딱한 하얀색 종이판을 대고 압축하여 붙인 형태를 말한다. 그러면 1cm도 채 안 되었던 20P가 최소 2~3cm 정도는 된다. 그러면 그나마 앨범답고 어설프게나마 책과 같은 두께가 나온다. 그래도 무언가 부족하다는 생각이 들어서 사진을 추가하고 싶으면 별도의 비용을 치러야 한다.

이 외에도, 스튜디오 촬영에는 현장 결제로 추가금을 요구하는 옵션들이 많다. 대개 이 내용은 계약 시에 제대로 언급되지 않고 넘어가는 경우가 많으므로, 많은 이들이 충분히 인지하지 못한 채로 계약을 체결한다. 이런 추가금들에 관해 미리 알고 사전에 반드시 확인해 보는 것이 중요하다.

왜냐하면 추가금에 관한 내용은 대개 촬영이 끝난 후에 듣게 되기 때문이다.

스튜디오 촬영 시 추가 비용이 발생할 수 있는 항목들은 다음과 같다.

스튜디오 추가 비용 발생 항목 (여기서는 업체의 평균적인 금액을 언급한다)

오버 타임페이 (시간 추가금)	· 우리에게 주어진 시간은 보통 3~4시간인데, 이 시간을 초과하면 추가금을 지불해야 한다. 스튜디오뿐만 아니라 헬퍼 이모님께도.
원본 및 수정본 구입비	· 대부분 수정본만 구입하고 싶어 한다. 원본은 사도 절대 들춰보고 싶지 않을 테니 말이다. 하지만 수정본만 별도로 구매할 수 없다. 33만 원짜리 원본을 사야만, 11만 원짜리 수정본을 살 수 있도록 되어 있다(이는 내가 원본과 수정본을 한데 묶어 '원수'라고 부르는 이유이기도 하다).
야외 신 or 시그니처컷 추가금	· 이 추가금에 대해서는 촬영 직전에야 비로소 알게 되는 경우가 많다. '원수'까지는 미리 알고 가기도 하는데, 대부분 이것은 미처 알지 못한 채로 간다. 하지만 이미 우리는 스튜디오에 와 버렸고, 촬영을 안 할 수 없는 상황이다.
셀렉비	· 앨범에 들어갈 사진을 고르는 비용을 말한다. "저희는 원본과 수정본 안 삽니다"라고 말하면, 담당자는 다소 불친절하게 바뀐 말투로 이렇게 말할 것이다. "그럼 저희가 임의로 셀렉한 사진들로 20P 앨범이랑 액자 만들어 보내 드릴게요. 먼저 셀렉하신 고객분들 건을 먼저 처리해야 해서, 약 3개월 정도 걸릴 겁니다." · 원하는 사진을 직접 고르고 싶다면, 셀렉비 11만 원을 추가로 내야 한다. 원본과 수정본을 구매하면 무료로 셀렉하게 해 주는 곳도 있다.
20R 아크릴액자 구입비	· 생활용품 쇼핑몰이나 인터넷에서 구매할 수 있는 정도의 퀄리티인데, 스튜디오에서는 몇 십만 원을 부른다. 그리고 스튜디오에서 취급하는 액자들은 규격화된 사이즈와 디자인을 띠고 있으므로 선택의 폭이 좁다. 내가 원하는 크기와 디자인을 선택하고 싶다면 차라리 인터넷에서 구매하기를 권한다. 인터넷에 검색해 보면, 업체에서 보여준 액자보다 훨씬 저렴한데도 고급스러운 액자들이 많다.
앨범 페이지(P) 추가금	· 1P 추가 시 3만 원, 2P 추가 시 5만 원.

20P 앨범 추가금	·1권 추가하면 22만 원. 2권 추가하면 각각 15만 원에다 부가세까지 포함하여 총 33만 원이다. 왜 20P 앨범을 추가할 일이 생길까? 모든 것을 다 정하고 일어나려는 순간, 담당자가 이렇게 물어본다. "양가 부모님께는 앨범 안 드리나요?" 단언컨대, 사지 않아도 된다. 사도 어차피 보지 않을 것이다. 그러니 효심 테스트에 넘어가지 말고, 단호히 일어나자.

이 외에도 생각지도 못한 추가금이 많다. 추가금은 부르는 게 값인 경우가 많으므로 계속 비용이 덧붙다 보면, 추가금만 100만 원이 훌쩍 넘기도 한다. 그리하여 '속았다'는 마음과 '원래 이런가?' 하는 마음이 공존하는 찝찝한 심정으로 스튜디오를 나서는 이들이 많다. 여기서 끝일까? 아직 스드메의 '스'밖에 안 왔다. '드메'에서도 추가금이 발생할 것이다. 즉, 스드메 비용은 추가금의 연속이다.

계약서 내용을 꼼꼼히 챙기자

계약할 때 아예 추가 비용 지급 항목에 대해 미리 세세하게 물어보고 확실히 해 놓자. 특히, 보정비로 내는 추가금 외에 '특수 보정'과 관련해 추가금이 또 있는지 확인하길 권한다. 또한, 마감 날짜도 꼼꼼히 체크해야 한다. 원본과 수정본을 강매하는 것으로도 모자라 사진이 필요한 날짜에 맞추어 제때 사진을 보내 주지 않으면, 신랑 신부의 속은 타들어갈 것이다. 그러니 계약서상에 사진 및 앨범 납기일을 명시해 놓고, 보상정책도 확인하자. 계약 시 언급된 세세한 내용이 모두 반영된 계약서를 새로 받는 것도 잊지 않도록 한다.

다음은 스튜디오 계약 시 알아 두면 좋을 스튜디오 관련 용어들이다.

매결남 꿀팁! 스튜디오 관련 용어 정리

P (페이지)	·책이나 장부 따위의 '한 쪽' 면을 말한다. ·1P = 1페이지 = 1면 ·단면 1장 = 1페이지
장 (2P)	·일반적으로 '두 쪽'을 '한 장'이라고 한다. ·2P = 2페이지 = 2면 = 1장 ·양면 1장 = 2페이지
RAW 파일	·디지털 카메라의 RAW 모드로 찍은 사진 포맷. ·원본 그대로의 화질을 유지해 색감이 뛰어나고 이후 보정하는 데 매우 유리하다. ·JPG 파일은 화질을 저하시키는 압축 방식으로 데이터를 저장하지만, RAW 파일을 이용하면 최고의 화질을 얻을 수 있고 사진의 완벽도를 높일 수 있다. 그러니 촬영 전에 RAW 파일로 촬영해 달라고 반드시 요청하길 권한다.

RAW 파일	·물론, 대부분 스튜디오에서는 대부분 RAW 파일과 JPG 파일을 모두 준다. 보정의 범위가 훨씬 커지기 때문에 업체들도 이를 선호한다. 그래도 혹시 모르니, 먼저 요청하도록 하자.
원본	·신랑 신부의 웨딩 촬영 또는 예식의 순간들을 찍은 1000~3000장 가까이 되는 원본 사진. ·촬영 전에 JPG 파일뿐만 아니라 RAW 파일도 요청하자.
셀렉본	·수많은 원본 사진들 중 보정하기 위해 따로 선별하는 사진. ·셀렉 과정에서 비용이 발생할 수 있다.
수정본 (=보정본)	·원본 중 셀렉을 통해 선별된 사진만 포토샵으로 편집한 것. ·요즘은 업체에서 받은 수정본이 마음에 들지 않을 경우, 별도의 수정본 전문 업체에 의뢰하여 사진을 보정할 수 있다.
편집본	·앨범으로 제작하기 전, 신랑 신부에게 앨범의 좌우 페이지가 어떤 사진들로 구성되어 있는지를 확인시켜 주는 최종 앨범 형태의 파일. ·앨범을 제작할 때 반드시 편집본을 확인하자. 스튜디오나 본식업체에서 편집본을 주지 않는다면 반드시 요청해야 한다.
아크릴 액자	·자외선으로 인해 변색될 수 있는 일반 액자의 단점을 보완하기 위해 반영구적으로 개발된 제품. '디아섹액자'라고도 불린다. 온도 및 습도, 공기 중의 화학물질 등으로부터 사진의 산화와 부식작용으로 변색되는 것을 방지한다. ·따로 인터넷에서 구매하는 것을 추천한다. 크기는 작을수록 좋다. 크면 나중에 애물단지가 될 가능성이 크기 때문이다.
20R	·20*24인치 = 50.8*60.96cm 크기의 액자. 웨딩업체에서 가장 많이 판매되고 선택되는 앨범 사이즈다. ·포토테이블 옆에 큰 액자로 세워져 있는 경우가 많다. ·그러나 20R 액자는 스튜디오나 본식업체에서 구매하지 말길 권한다. 따로 인터넷에서 알아보고 구매하는 것이 훨씬 저렴하기 때문이다.

인디고 4도	·인디고 인쇄란, 인쇄와 디지털 출력을 합친 개념이라고 보면 된다. 디지털 출력과 유사하게 필요한 부수만 제작할 수 있으며, 인쇄와 유사하게 양질의 인쇄물을 제작할 수 있다. 인쇄와 다르게 로스가 없고 디지털 출력보다 품질이 우수하므로, 소량 인쇄에 최적화된 방식이라 할 수 있다. ·저가형 앨범 업체에서 주로 사용하는 방식.
인디고 6도	·인디고 6도는 인디고 4도보다 더욱 풍성한 색감과 부드러운 선명도를 느낄 수 있는 프리미엄 출력 방식이다. 제작비용에 비해 품질과 색감도 우수하고, 망점도 거의 없는 편이다. ·중고가형 앨범 업체에서 주로 사용하는 방식.
드림 라보	·7색의 염료 잉크를 사용해 일반 인쇄와는 비교할 수 없는 풍성하고도 안정된 색을 표현할 수 있는 프리미엄 인쇄(2400*1200dpi의 고해상도 출력). ·주로 화보집, 프리미엄 포트폴리오, 앨범, 고급 메뉴판 및 전시용 인화 등의 다양한 용도로 사용된다(양면 인쇄 가능). ·초고가형 앨범 업체에서 주로 사용하는 방식.

*** 제주 스냅 촬영

요즘에는 제주도에 가서 스냅 촬영을 하는 것으로 스튜디오 촬영을 대신하는 이들이 많다. 이를 일컫는 '제드메'라는 신조어가 나왔을 정도다. 이러한 수요를 증명하듯, 최근 제주도에 많은 스튜디오업체 및 개인 작가들이 내려가서 제주도 스냅 상품을 만들어 운영하고 있다.

제주도 스냅은 대부분 예약제이며, 위약금 규정이 강하다. 변화무쌍한 제주도 날씨나 개인 사정에 의해 예약을 취소할 경우 인정사정없이 위약금을 물어야 한다. 제주도에 거주하거나 사무실을 차리고 운영하는 사람이라면, 그나마 융통성 있게 조율할 수 있다. 그러나 만일 촬영 작가가 일주일 전에 예약을 받은 후 본인도 그 예약 날짜에 맞추어 비행기를 타고 제주도에 오는 경우라면, 위약금 규정은 엄격할 수밖에 없다.
'제드메'를 통해 아름다운 제주도 자연을 배경으로 하는 좋은 콘텐츠들이 많이 생산되어 좋은 점도 있지만, 예약금만 받고 현장에 나타나지 않는 사기꾼들에 의한 피해 사례도 급증하고 있다. SNS 영업이 대부분인데, 주로 DM으로 소통하다 보니 구체적인 보상규정에 대해 파악하기가 어려운 경우가 많다. 그렇기 때문에 1인이 운영하는 개인 업체보다는, 보상규정과 사업자가 확실한 규모 있는 업체에서 진행하는 것을 추천한다.

드레스

드레스 투어란, 드레스를 고르는 것이 아니라 나에게 맞는 드레스숍을 고르는 과정이다. 투어를 통해 선택한 드레스숍에서 스튜디오 촬영 및 본식 당일에 입을 드레스를 대여하게 된다. 업체당 보통 드레스를 3~4벌 정도 입어 볼 수 있는데, 스튜디오 촬영용 드레스 2~3벌, 본식용 드레스 한 벌을 고른다고 생각하면 된다. 신랑의 경우 예복을 따로 맞추지 않는 이상, 드레스숍에서 턱시도를 대여해 입는다. 드레스숍은 적어도 세 군데 이상 방문하길 권한다.

드레스 투어 전 준비 사항

01 반드시 예약 시간을 준수해야 한다. 예약 시간으로부터 15~20분이 지나면 드레스 투어를 진행할 수 없으므로, 여유롭게 스케줄을 짜 움직여야 한다.

02 드레스 투어 또는 셀렉 일정은 주말보다는 수요일이나 목요일에 잡는 것을 추천한다. 보통 주말에는 드레스가 웨딩 박람회 현장에 나가 있다가, 주말이 지나고 월요일 또는 화요일에 재정비하기 때문이다. 수요일이나 목요일은 컨디션이 좋은 드레스를 많이 보고 고르기에 가장 적합한 날이다.

03 내가 좋아하는 스타일과 나에게 어울리는 스타일이 다를 수 있으므로 안목 있고 직언을 해 줄 수 있는 지인을 동반하자.

04 평소보다 신경 써서 메이크업을 하고 가자. 민낯으로 드레스를 입으면 얼굴과 옷이 따로 놀아서 나에게 어울리는 드레스인지 제대로 판단할 수 없다.

05 빨간색이나 검은색과 같은 강렬한 색상의 속옷은 피한다. 가급적 스킨 톤을 띤, 라인이 두드러지지 않는 속옷이 좋겠다. 혹 몸에 붙는 드레스를 입었을 때 속옷의 라인이 보일 수 있기 때문이다. 윗부분 속옷은 아마 드레스숍에서 준비해 줄 것이다. 간혹 준비되지 않은 업체도 있으니, 미리 연락하여 확인해 보길 바란다.

06 입고 벗기가 편한 옷과 신발을 착용하고, 머리 치장이나 액세서리는 하지 않는다. 피팅 후에 보통 머리가 헝클어지는 경우가 많으니 머리끈을 준비해 가도록 하자.

07 드레스숍을 돌아보기 전에 다양한 드레스를 알아보면서 나에게 맞는 스타일을 고민해 보자.

웨딩드레스 스타일별 정리

A라인	·모든 체형에 잘 어울리는 드레스로, 우리나라에서 가장 많은 신부들이 입는다. ·알파벳 대문자 A를 연상케 하는 스타일. ·체형 커버와 아름다움까지 동시에 줄 수 있는 만능 드레스다.
프린세스라인	·A라인과 비슷해 보일 수 있지만, 허리선을 더 많이 잡아 주어 허리는 잘록하고 하체 부분은 풍성하게 만든 디자인이다. ·우아한 느낌을 연출하고 날씬해 보이는 효과가 있다. ·엄지공주처럼 작고 아담한 신부에게 잘 어울리며, 몸매에 자신이 없다 하더라도 충분히 소화할 수 있는 라인.
엠파이어라인	·가슴 바로 밑에서 허리선이 절개되는 하이웨이스트 라인. 프린세스라인처럼 키가 작은 신부에게 잘 어울린다. ·귀여우면서도 우아한 느낌을 연출할 수 있다. ·임산부나 복부기 고민인 이들에게 추천한다.
벨라인	·벨 모양처럼 생겨서 붙여진 이름이며, 백설공주나 신데렐라가 입었던 드레스처럼 아래쪽이 풍성한 디자인이다. ·상체는 짧고 하체가 풍성하고 길기 때문에, 상체가 더욱 날씬해 보인다는 장점이 있다. ·하체가 고민인 이들에게 추천한다.
머메이드라인	·인어공주 같은 디자인 때문에 붙여진 이름이며, 키가 크고 날씬한 체형의 신부들에게 인기가 많은 드레스다. ·본식 드레스 외에 2부 드레스로도 많이 선택된다.

트럼펫라인	·머메이드라인과 유사하지만, 허벅지부터 아래치마가 넓게 퍼지는 디자인이다. ·하체에 시선이 가므로 골반 라인에 자신 있는 신부들에게 추천한다. 대중적인 디자인은 아니다.
미니 드레스	·본식보다는 웨딩 촬영용으로 많이 입는 드레스. ·키가 작은 아담한 신부에게 잘 어울린다. ·무릎 라인 위로 올라오는 기장으로, 허리 라인을 강조하며 발랄하고 상큼한 느낌을 준다.
탑 드레스	·목부터 어깨까지 모두 드러나는 디자인이므로, 해당 부분을 강조하는 효과가 있다. ·어깨가 넓거나 팔뚝에 살집이 있는 이들에게 추천한다. 상체에 볼륨감이 있다면 오히려 드러내는 것이 훨씬 더 잘 어울릴 수 있기 때문이다. 반대로, 상체가 빈약한 체형이라면 더 왜소해 보일 수 있으므로 선택을 피하는 것이 좋다.

웨딩드레스는 라인뿐만 아니라, 비즈 장식과 자수에 따라 드레스의 느낌이 달라지기도 한다. 그뿐만이 아니다. 드레스에 어떤 소품을 곁들이느냐에 따라 전혀 다른 스타일링이 나올 수 있다. 베일과 티아라의 다양한 스타일도 살펴보도록 하자.

베일 스타일별 정리

롱 베일	·캐시드럴 베일: 롱 베일 중에서도 가장 긴 베일. 바닥에 길게 늘어져 천장이 높은 곳에서 더욱 드라마틱하게 연출할 수 있다. ·채플 베일: 캐시드럴 베일보다 조금 짧은 기장. 버진로드를 쓸고 지나가는 정도의 기장으로 채플웨딩뿐만 아니라 하우스웨딩에도 잘 어울린다. ·발레 베일: 무릎과 발목 중간 정도에 끝자락이 닿으며, 보통 두 겹으로 제작되어 좀 더 우아한 분위기를 연출한다.
숏 베일	·페이스 베일: 얼굴만 가리는 베일 ·블러셔 베일: 어깨에 닿는 정도의 베일 ·숄더 베일: 등까지 내려오는 베일. ·숏 베일은 주로 짧은 머리나 단발머리에 잘 어울리며, 사랑스럽고 앙증맞은 분위기를 연출하고 싶을 때 사용하면 활용도가 높다.
투 베일	·투 베일은 두 겹으로 싸인 베일로, 보통 신부들이 많이 착용한다. ·한 겹의 베일로 길게 연출하는 원 베일은 성당 결혼식에서 많이 활용된다.
비즈 베일	·비즈란, 여성복이나 수예품, 실내 장식 등에 사용되는 구멍 뚫린 작은 구슬을 말한다. 보통 유리로 만들어졌고 빛깔과 모양이 다양하다. ·비즈 베일은 보통 드레스와 함께 세트로 만들어지며, 비즈의 모양이나 형태, 레이스에 따라 느낌이 천차만별로 바뀐다.

티아라 스타일별 정리

아치형 티아라	·가장 기본적으로 많이 사용되는 스타일. ·어떤 얼굴형에도 잘 어울리며, 올림머리에 베일과 함께 착용하면 안성맞춤이다.
밴드형 티아라	·머리띠처럼 편안히 착용할 수 있는 스타일. ·'왕관'이 부담스러운 이들이 편하게 착용할 수 있는 느낌. ·엠파이어 드레스와 잘 어울린다. ·머리에 딱 붙는 스타일이라 얼굴형이 부각되는 것을 꺼리는 이들에게는 추천하지 않는다.
화관형 티아라	·스몰웨딩, 하우스웨딩, 야외웨딩에서 자주 쓰인다. ·꽃과 풀잎, 나뭇잎 등으로 자연스러운 느낌을 연출한 스타일. ·반묶음 또는 굵은 웨이브 헤어스타일에 잘 어울린다. ·티아라 자체의 색상이 화려하므로 액세서리는 되도록 심플하게 하는 것이 중요하다. ·부케와 색감을 자연스럽게 맞추는 것이 좋다.
미니 티아라	·아치형 티아라를 축소한 형태. ·둥근 얼굴이나 각진 얼굴형, 단발머리, 그리고 미니 드레스와 잘 어울린다.

*** 타투가 있을 때는 어떤 드레스가 좋을까?

타투나 흉터가 있는 부위의 주변 피부 톤에 맞추어 화장품을 바르거나 패치를 붙여 가리기도 하지만, 드레스를 다양하게 연출함으로써 해당 부위를 가리기도 하다. 예컨대, 팔 부분을 가리고 싶다면 레이스나 비즈를 사용하여 어깨부터 손목까지 내려오는 라인으로 자연스럽게 연출할 수 있다. 또한, 다른 부분에 포인트를 주는 드레스 연출로 시선을 분산시켜 감추고 싶은 부분을 상대적으로 눈에 덜 띄게 만드는 방법도 있다. 이러한 선택은 드레스 라인을 고르는 데에도 크게 영향을 미치지 않는다. 벨라인, A라인, 머메이드라인 등 모두 가능하다.

내게 맞는 드레스 고르는 법

먼저, 본식을 올릴 웨딩홀의 분위기를 고려하도록 하자. 웨딩홀의 크기, 사용하는 조명, 자연광이 들어오는지 여부에 따라 드레스의 분위기가 180도 달라지기 때문이다. 이때 부케 스타일까지 함께 생각하는 것이 좋다. 혹여나 본식이 진행되는 계절에 내가 선택한 드레스와 어울리는 꽃이 나오지 않아서 꽃을 수입해야 한다면, 부케의 단가가 비싸지기 때문이다.

대강 괜찮은 드레스를 몇 벌 추렸다면 직접 입어 볼 시간이다. 드레스를 입고 가만히 거울만 보고 있지 말고 다양하게 움직여 보면서 드레스의 무게감과 내 몸에 밀착되는 느낌 등을 제대로 체크해 보자. 특히 앉았을 때 편한 것도 중요하다. 신부대기실에서 1시간 동안 드레스를 입고 앉아 있어야 하기 때문이다. 드레스가 나에게 잘 어울리는지도 중요하지만, 드레스를 입고 내가 얼마나 편안하게 느끼는지도 중요하다.

정해진 수의 드레스를 입어 봤는데도 마음에 드는 것을 찾지 못했다면, 추가 요금을 내서라도 더 입어 보는 것을 추천한다. 드레스를 많이 입어 볼수록 자신의 취향이 무엇인지, 자신이 무엇을 원하는지 더욱더 정확히 알 수 있기 때문이다. 드레스 투어를 할 때 동행한 가족이나 친구, 전문가의 의견을 적극 참고하는 것도 도움이 된다.

피팅비

드레스를 입어 보는 데 지불하는 비용을 피팅비라고 한다. 업체별로 피팅비가 조금씩 다르다. 사전에 카드 결제가 되는지를 알아보고, 결제 시스템이 없다고 한다면 피팅비로 지불할 현금을 업체별로 봉투에 넣어 준비해 가도록 하자.

업체당 피팅비가 5만 원이라면, 세 군데를 돌아보는 데 총 15만 원이 든다. 한 드레스숍에서 드레스와 턱시도를 3~4벌 입는다면, 15만 원에 12벌을 입어 본다고 생각하면 된다. 한 군데 더 돌아보고 싶은 마음이 든다면 그렇게 하라. 어차피 피팅비만 드니까, 충분히 입어 보고 고민한 다음 드레스숍 또는 드레스를 선택하길 권한다.

*** 왜 드레스 투어 때 사진을 못 찍게 할까?

디자인 유출을 막기 위함이 가장 큰 이유다. 그런데 사진을 통해 디자인을 충분히 보고 선택하지 못하게 하려는 경우도 간혹 있다. 그럴 경우, 드레스 투어 시 돌아보는 드레스숍 서너 곳 가운데 컨설팅업체에서 적극적으로 밀어주는 드레스숍은 세 번째 혹은 마지막 업체일 가능성이 크다. 오전에 들른 곳은 기억도 안 나고, 두 번째부터는 첫 번째보다 낫다는 비교 심리가 생기고, 마지막으로 갈수록 점점 결정해야 할 것 같은 심리적 압박이 올 것이다. 그런 점을 이용하여 스케줄을 짜 주는 경우도 있으니, 그 점을 참고하면 좋겠다.

사진을 못 찍는 대신 보통 그림을 그려 놓으라고 하지만, 그것보다는 신부가 드레스를 입었을 때 외형적으로 보이는 특징과 느낌을 문자로 보내 놓는 것을 추천한다.

메이크업&헤어

메이크업 투어도 해 보길 권한다. 보통 메이크업&헤어는 샘플 화보집을 보는 것으로 투어를 대체하곤 하는데, 여러 메이크업숍을 다니면서 다양한 담당자에게서 상담을 받아 보는 것도 좋다. 특히, 스튜디오 촬영 및 본식 당일에 드레스를 갈아입을 수 있는 피팅룸의 개수와 형태를 업체별로 미리 파악하는 것이 도움이 된다. 업체에 피팅룸이 3개 이상이면 회전률이 좋아서, 동시간대 신부들이 많아도 제시간에 준비를 완료할 수 있다.

나에게 어울리는 스타일을 선택하자

메이크업은 스튜디오 앨범처럼 정해진 샘플대로 나오는 것이 아니므로 전문가에게 직접 상담을 받는 것이 중요하다. 내가 원하는 메이크업을 고르기보다는 나에게 어울리는 메이크업을 추천받는 것이 좋다. 이 기회에 트렌디한 스타일이나 파격적인 변신을 시도해 보고 싶을 수도 있겠지만, 본인에게 안 어울릴 수도 있다. 그러니 결혼식 때는 새로운 것을 시도하기보다는 안전하게(?) 자신에게 어울리는 스타일로 진행하길 권한다.

선택에 도움이 될 만한 팁을 하나 알려 주겠다. 애플리케이션으로 사진을 찍은 후 메이크업 필터를 적용해 보라. 분명 자기에게 어울리는 메이크업 필터가 있을 것이다. 그것을 담당자에게 보여주면서 똑같이 만들어 달라고 하는 편이 가장 쉬울 수도 있다. 또는 평소에 자신이 즐겨 하는 메이크업 스타일을 셀카로 찍어 참고해 달라고 제시하는 것도 한 방법이다. 웨딩 메이크업은 색상만 고르는 것이 아니라 드레스의 느낌과도 맞아야 하며 내 얼굴의 단점을 보완하고 장점을 부각시키는 화장임을 기억하자.

메이크업숍 샘플과 아티스트의 조언을 참고하면서 무엇이 나에게 맞을지 충분히 고민해 보길 바란다. 내 얼굴이기 때문에 최대한 내 주관이 반영되어야 하고, 내 마음에 들어야 한다. "혹시 데모 시연을 못 하나요?" 하고 질문하는 이들이 있는데, 업체와 협의하면 진행할 수 있다. 단, 추가금이 드니 참고하길 바란다.

신랑이 챙겨야 할 사항

신랑도 간단하게 메이크업을 하고, 머리를 손질한다. 머리를 손질하는 과정에서 "혹시 헤어컷 좀 해 드릴까요?"라고 제안하는 경우가 있다. 그런데 진짜 손질하기 힘들 정도로 머리가 긴 것이 아니라면, 그냥 거절하길 바란다. 정말 티도 나지 않을 만큼 잘랐는데 몇 만 원 추가금이 붙는다. 담당자가 머리에 '무언가'를 하려고 한다면, 반드시 "'서비스'인가요? 아니면 '추가금'을 내야 하나요?"라고 대놓고 물어보길 바란다.

물론, 그 전에 추가금이 발생할 수 있는 항목을 미리 체크해 보는 것이 좋다.

메이크업숍 추가 비용 발생 항목

얼리 스타트	·11시 예식과 같은 첫 타임의 경우에 추가되는 비용. ·새벽 5~6시부터 메이크업&헤어가 시작되기 때문에 메이크업숍 직원들은 더 빨리 출근하여 세팅해야 한다. 그 부분에 대해 추가 비용을 받는 것이다.
헤어피스 추가	·신부가 연출하고자 하는 머리 모양이 나오지 않을 때 피스(붙임머리)를 추가하여 스타일링을 하는데, 이때 추가 비용이 발생한다.
혼주 메이크업& 헤어	·양가 부모님의 메이크업을 함께 진행할 시 추가되는 비용이며, 보통 가발이나 염색 비용이 추가된다.

컷 (CUT)	·신랑의 메이크업&헤어 진행 시 가장 많이 추가되는 비용. ·평균적으로 3~5만 원 정도의 비용이 발생하지만, 금액에 비해 많이 손질하지 않는다(그러니 2주 전에 본인이 원하는 숍에 가서 미리 커팅을 하길 권한다).
업그레이드 지정비	·원장님 또는 팀장급을 지정할 수 있는데, 원장님이라고 해서 처음부터 끝까지 모든 세팅을 혼자서 다 해 주는 것이 아니므로 굳이 추천하지 않는다.

메이크업과 헤어 손질이 끝나면, 신랑은 신부에게로 가기 전에 헬퍼 이모님이 오셨는지, 부케가 도착했는지, 웨딩카가 왔는지, 짐은 모두 잘 챙겼는지, 그리고 추가금 발생한 것이 없는지 카운터에 가서 꼼꼼히 체크하도록 하자.

혼주 메이크업

신랑 신부를 제외한 양가 가족들의 메이크업&헤어를 어떻게 진행할지를 미리 상의해 두어야 한다. 의외로 이 부분을 미처 생각하지 못하다가 본식이 임박해서야 부랴부랴 챙기는 경우가 많다. 동일한 숍에서 메이크업을 진행한다면, 예약하기도 편하고 메이크업을 마치고 함께 이동하기에도 좋다. 하지만 여러 가지 경우의 수가 있으니, 스드메를 알아볼 때 혼주 메이크업도 함께 고민하길 권한다.

*** '부원장급'이면 좋은 것일까?

간혹 메이크업숍에서 "원래 실장급인데, 부원장급으로 업그레이드해 드리겠다"고 말하며 추가금을 요구하는 경우가 있는데, 이는 대표적인 영업 멘트이니 걸러내자. 왜냐하면 현장에 가면 누가 실장인지 부원장인지 원장인지가 불분명하다. 부원장 명찰을 달고 있다고 해서, 그가 꼭 부원장이리라는 보장이 없다는 것이다.

게다가 메이크업과 헤어 분야는 일종의 예술 영역으로, 주관적인 요소가 강하다. 경험이나 경력으로 직급이 나뉠 수는 있지만, 높은 직급이라고 해서 반드시 실력이 더 좋다고 단언할 수는 없다. 그러니 몇 만 원 더 주고 부원장급으로 업그레이드한다고 해서 큰 차이가 나리라 기대하지 말길 바란다. 가장 좋은 메이크업&헤어 아티스트는 신랑 신부의 스타일에 맞게 상담하고 적절한 피드백을 제시하는 사람이다.

지금까지 스드메에 관해 살펴보았다. 기왕이면 더 화려하고 아름다운 것을 선택하고 싶겠지만, 반드시 기억하도록 하자. 스드메는 결혼 준비의 일부에 불과함을. 스드메 관련 용어를 정리하고 넘어가도록 하자.

매결남 꿀팁! 스드메 관련 용어 정리

스드메	·스튜디오, 드레스, 메이크업의 약자.
데드메	·데이트 스냅, 드레스, 메이크업의 약자. 코로나로 인해 야외 셀프 스냅이 많아지면서 생겨난 말.
드메	·드레스와 메이크업의 약자.
셀렉	·신랑 신부가 선택하거나 고르는 것을 뜻한다. 결혼은 셀렉의 연속이다. 특히, 수정본 셀렉처럼 별도의 비용을 지불해야 하는 셀렉이 있으니 참고하자.
토털숍	·스드메를 한 건물에서 다 해결할 수 있는 방식. 편리하지만, 선택지가 한정적일 수밖에 없다.
가봉	·웨딩드레스나 턱시도를 대여할 때, 또는 예복이나 한복을 맞출 때 마음에 드는 디자인을 고른 뒤 본식 날이 임박했을 때 자신의 몸에 잘 맞도록 치수를 조절하는 작업.
드레스 헬퍼	·신부의 드레스 피팅을 돕고, 신부를 1:1 밀착 케어하며 헤어와 메이크업, 액세서리, 부케 등을 체크한다. 예식 도중 발생하는 돌발 변수에 대처하고, 특히 웨딩드레스를 보호하고 챙기는 역할을 한다. 드레스숍에 소속되어 있으며 보통 '헬퍼 이모님'이라 부른다. 헬퍼 비용은 당일 현금으로 지급하게 된다.
드레스 투어	·여러 드레스숍을 돌아다니면서 웨딩드레스를 입어 보고 내게 맞는 드레스숍을 선택하는 과정.
피팅	·의상을 입어 보는 행위.
피팅비	·의상을 입어 보는 데 지불하는 비용.

티아라	·헤어 액세서리의 일종. 여성들이 쓰는 왕관의 한 종류로, 머리 위에 얹는다.
혼주 메이크업	·혼주는 본래 '혼사를 주재하는 사람'을 뜻하는 단어로, 보통 신랑 신부의 아버지를 뜻한다. 그런데 혼주 메이크업은 주로 '어머님 화장'을 말한다. '신랑 신부 어머님'을 표현하는 마땅한 말이 없다 보니 생겨난 신조어로 보인다. 물론, 이 말은 어머니 외에 다른 가족들의 메이크업을 통칭하는 용어로도 쓰인다.

본식스냅

본식스냅은 본식, 즉 결혼식 당일 신부대기실부터 연회장까지의 모습들을 사진에 담는 것이다. 본식 때 촬영하는 사진은 원판과 스냅, 두 종류가 있다. 원판은 보통 직계가족 사진이나 단체사진을 말하며, 정자세로 한곳을 바라보는 사진이라고 이해하면 된다. 반면, 스냅은 결혼식 현장의 순간 순간을 자연스럽게 포착하여 찍는 사진을 말한다.

본식 촬영은 무엇보다 스케줄이 중요하다. 웨딩홀이 정해졌다면, 최대한 빨리 본식업체를 예약해야 한다. 본식업체는 일찌감치 예약이 마감되는 편이라, 예약이 늦을수록 나의 예식이 진행될 날짜와 시간대에 촬영할 수 있는 업체를 찾기가 힘들어진다.

그리고 웨딩홀에 따라, 해당 웨딩홀에 제휴되어 있는 스냅업체만을 이용하도록 제한되어 있어서 외부 본식스냅업체를 부를 수 없는 경우가 있다. 웨딩홀 예약 시 이런 부분을 반드시 체크해야 한다.

본식스냅업체 선정

두 사람이 예약한 웨딩홀에서 촬영해 본 적이 있는 업체 위주로 선정하는 것을 추천한다. 웨딩홀 공간에 대한 이해도가 높으면 콘텐츠의 질이 더 좋아질 수밖에 없기 때문이다. 웨딩홀 제휴업체를 소개받거나, 해당 웨딩홀 SNS를 통해 검색해 보는 것도 좋은 방법이다. 업체를 선정했다면, 다음과 같은 내용들을 확인해 보자.

Check 1 안전한 본식업체인지 확인하자

본식업 사업자등록이 확실히 되어 있고 정상적으로 고객을 응대할 수 있는 사업장을 갖춘 안전한 업체에서 진행해야 한다. 대면 상담 서비스를 하지 않는다 하더라도, 앨범이나 영상 USB를 받으러 갈 소재지 또는 추후에 보상과 같은 문제가 발생했을 때 방문할 장소가 분명히 있어야 한다. 본식 촬영업은 웨딩업 가운데 유일하게 사무실 없이도 사업이 가능한 영역이므로, 온라인상에 나와 있는 샘플이나 후기에 속지 말고 반드시 사업장 위치가 검색되는 업체인지 확인하자.

Check 2 본식업체에 촬영 작가의 프로필을 요청하자

아무리 샘플과 구성이 좋다 하더라도, 본식 당일에 어떤 촬영 작가가 오는지에 따라 결과물이 천차만별이다. 따라서 업체의 대표나 메인 작가가 촬영하는 업체가 가장 좋겠지만, 그것이 아니라면 적어도 특정 업체에 소속된 프리랜서 작가가 촬영하는 곳을 선택하길 바란다. 당일 원활한 촬영을 위해, 최소한 일주일 전에 연락하여 촬영 관련 사항에 대해 작가와 소통하는 것이 좋은데, 프리랜서 작가라면 이러한 소통이 힘들 수 있다. 그러니 업체에 작가의 연락처가 포함된 프로필을 요청하여 받아 보길 권한다.

*** **주의)** 프리랜서 작가들 가운데 이름과 연락처를 알려주길 꺼려하는 경우가 있는데, 반드시 특정 업체의 소속 프리랜서인지 확인해야 한다(업체 문의 시, 촬영 전에 담당 작가에게 여러 가지를 문의하고 싶다고 요청하면 된다).

Check 3 계약 사항을 서면으로 꼼꼼히 체크하자

본식스냅은 보통 원판 사진도 포함인데, 간혹 추가금을 요구하는 곳이 있다. 그런 업체는 가급적 거르길 권한다. 뿐만 아니라 본식이 다 끝나고 느닷없이 출장비를 요구하는 경우가 있으니 사전에 점검하자. 저가 업체의 경우, 추가금 영업으로 이득을 추구하는 업체가 많다.

또한 당일 촬영자 지각 및 노쇼, 데이터 유실 등으로 인한 보상정책도 꼼꼼히 살펴봐야 한다. 계약서 금액에 부가세가 포함되어 있는지도 체크하면 더 좋다.

*** **주의)** 가격이 너무 저렴한 업체라면 의심해 보자. 저가인 만큼 촬영에 숙련되지 않은 아르바이트생이 와서 촬영하는 경우가 많으므로 결과물의 질이 떨어질 확률 또한 높다. 가성비가 업체 선정의 기준이 되어서는 안 된다.

Check 4 상담 시 다음 사항들을 확인하자

첫째, 미리 받아 볼 샘플의 앨범 커버와 종이 재질, 인쇄 상태 등을 체크해 보길 권한다. PC 및 모바일상의 데이터와 실물의 상태가 현저하게 다를 수 있다. 실제로 많은 본식업체가 이런 식으로 비용을 절감한다.

둘째, 원본 및 수정본 데이터 납기일을 확인한 뒤 어떤 방식(메일 또는 USB)으로 데이터를 받을 수 있는지 확인하자. 수정본 셀렉이 가능한지, 언제 가능한지도 문의하자.

마지막으로 앨범 사진 셀렉이 가능한지, 최종 선정 후 앨범 제작 기간이 얼마나 걸리는지를 사전에 문의한다. 앨범이 지연될 경우 보상정책이 있는지도 미리 '서면'으로 확인받자.

그 밖에 고려할 사항

본식 당일에 양가 부모님을 대상으로 원판사진(가족사진 또는 폐백사진)으로 액자 구매 영업을 시도하는 업체가 있으니, 반드시 부모님께 미리 말씀드리자. 액자를 하고 싶다면, 차라리 인터넷 최저가 액자를 해도 무방하다.

그리고 결혼식 당일 입장과 퇴장 때 가장 친한 이들에게 핸드폰으로 입장하고 퇴장하는 모습을 '연사'로 촬영해 달라고 부탁하는 것을 추천한다. 앨범 데이터를 받으려면 어느 정도 시간이 소요되므로, 지인들이 촬영해 준 사진으로 SNS에 업로드하면 좋다.

본식영상

본식스냅에 다 담을 수 없는 결혼식 당일의 생생함을 간직하기 위해, 많은 이들이 본식영상을 촬영한다. 본식영상의 인기가 더 높아지는 것은, 이미지보다 영상이 더 뜨거운 호응을 얻는 요즘 시대의 추세에 기인한다. SNS뿐만 아니라 다양한 동영상 플랫폼이 시장을 이끌어 나가고 있으며, 특히 코로나로 인해 언택트 생중계가 인기를 끌면서 본식영상 시장이 더욱 발전했다.

본식영상을 본식DVD, 웨딩DVD라고 표현하기도 하는데, 이제 DVD라는 표현은 그만 써야 하지 않을까 싶다. 요즘은 DVD 플레이어를 쓰는 경우가 거의 없는 데다가 PC에 CD-ROM이 있는 경우도 거의 없으니 말이다. 이제는 4K UHD 시대이며, 휴대폰으로 스크린 미러링(스마트폰, 태블릿 PC 화면을 TV의 대화면으로 보는 것)하여 온갖 매체에 스트리밍으로 연결하여 보는 시대다. 그래서 나는 '본식영상'이라고 표현해야 한다고 생각한다.

본식영상은 본식스냅과 마찬가지로 신부대기실부터 연회장까지 영상으로 촬영한다. 결과물의 형태에 따라 분량이 달라지며, 촬영 기법도 달라진다. 본식영상의 대표적인 포맷은 다음과 같다.

본식영상 포맷의 종류와 특징

다큐멘터리	·다큐멘터리는 연출 없이 주제에 맞는 피사체를 최대한 있는 그대로 보여주는 것이다. 최대한 롱테이크로 길게 촬영하기 때문에, 많은 분량을 원한다면 다큐멘터리 형식을 추천한다. ·정말 사실적인 기록에 포커스를 맞추기 때문에 분량은 길지만, 영상미는 다른 포맷에 비해 떨어진다. ·본식(입장부터 퇴장까지)과 폐백, 인터뷰가 현장음과 함께 다큐멘터리 형태로 편집된다. ·본식 당일 영상으로, BGM이 은은하거나 약하게 들어가고, 현장의 소리를 강조해 실제 다큐멘터리처럼 보이도록 리얼하게 촬영한 영상이다. 현장의 소리가 소음처럼 들려서 마음에 들지 않을 수도 있지만, 본식 당일에 신랑 신부는 정신이 없기 때문에 추후에 되돌려 보는 재미가 쏠쏠하다.

뮤직비디오	·챕터별로 뮤직비디오처럼 끊어서 편집하는 포맷이라고 이해하면 된다. 신부대기실, 본식, 식후 하객맞이(피로연), 폐백, 인터뷰와 같이 챕터를 나눠 각각 10분 내외로 배경음과 함께 편집하는 것을 말한다. 뮤직비디오처럼 중간 중간 현장음이 나오기도 하며, 챕터가 바뀌면서 배경음에 따라 분위기가 바뀐다. ·다큐멘터리에 비해 연출 요소가 들어가서 영상미가 좋은 편이다. 요즘에는 다큐멘터리와 뮤직비디오 형식을 함께 진행하는 업체도 많다. ·현장음을 은은하게 넣거나 없애고, BGM 위주로 전개되는 영화 같은 영상 방식이다. BGM이 기본적으로 깔리다 보니 뮤직비디오나 영화 같은 연출이 가능하지만, 본식 당일의 생생하거나 즐거운 상황이 100% 반영되지 않아서 아쉬울 수 있다.
시네마	·시네마는 말 그대로 영화 같은 느낌이다. 영상미를 중시하는 형태이다 보니 분량은 15분 내외로 가장 적다. 고도의 촬영 기술을 요하는 포맷으로, 다큐멘터리와 뮤직비디오 촬영 기술에 비해 난이도가 높은 편이다. 정말 한 편의 영화처럼, 현장 분위기보다는 사전에 연출한 영상미에 포커스를 맞추다 보니, 가장 영상미가 뛰어난 만큼 가격대도 비싸다. 단순히 생생한 현장을 기록하고 싶다면 시네마 형식은 피하는 것을 추천한다. ·시네마 형식은 음악을 기본으로 깔고 편집한다는 측면에서 뮤직비디오 형식과 동일해 보이지만, 결혼식의 스토리와 대사, 즉 신랑 신부의 음성과 부모님의 목소리, 주례사, 친구들의 축하 멘트 등 목소리를 이용해 결혼을 압축적으로 보여준다는 점이 다르다. 그렇기에 시네마 형식은, 결혼식의 음성을 모두 체크할 뿐만 아니라 독후감을 쓰듯 여러 번 음성을 듣고 읽고 글을 써 내려가듯 편집한다는 특징을 가진다. 따라서 스토리가 없는 뮤직비디오 형식보다 작업 시간이 몇 십 배에서 몇 백 배 차이가 날 수 있다.

*** FHD와 4K UHD의 차이

FHD는 Full-HD의 줄임말로, 1920*1080 해상도(화면 또는 인쇄 등에서 이미지의 정밀도를 나타내는 지표)를 가리키는 말이다. 해상도 1920*1080라 함은, 가로 1920개, 세로 1080개의 픽셀(컴퓨터나 TV 또는 모바일 기기 등의 화면 이미지를 구성하는 최소 단위로, 'p'라고 표시한다)을 가졌다는 의미다. 이는 오늘날 대부분의 모니터에 가장 보편적으로 쓰이는 해상도이며, 사무용 모니터와 게이밍 모니터에 많이 사용된다. 대부분의 유튜브 영상들도 1080p 화질로 업로드되어 있다.

UHD는 Ultra-HD의 준말로, 3840*2160 해상도를 가리킨다. 즉, 가로 3840개, 세로 2160개의 픽셀을 가지고 있는데, 가로 픽셀 3840개를 반올림하여 4000개 픽셀이라는 의미를 드러내기 위해 '4K'라고도 일컫는다. 이는 FHD의 2배에 해당하는 해상도와 4배에 해당하는 화소를 가지는 차세대 고화질 해상도다. 해상도가 매우 높아서 먼 배경의 작은 글씨도 확실하게 볼 수 있으며, 일반 화면도 입체 영상처럼 느껴질 정도로 선명하다.

과거 SD 화질의 시대부터 존재한 본식영상 시장은 점점 FHD 화질에서 4K UHD 화질로 넘어오고 있다. 4K UHD의 영상 화질과 사운드는 그야말로 탁월하다. 그래서 요즘은 4K UHD 상품으로 본식영상을 하는 이들이 점점 늘어나는 추세다.

그리고 반드시 알아 두자. 해상도가 1920*1080인데도 4K인 것처럼 말하는 업체도 있다. 4K 화질과 4K급 화질은 전혀 다르다. '4K급 화질'이라는 식으로 불필요한 수식어를 붙인다면 일단 의심해 보자.

본식영상업체 선정

본식스냅업체에서 영상을 함께 취급하기도 하지만, 이는 아주 드문 경우이므로 따로 영상업체를 섭외해야 한다. 스냅업체와 마찬가지로 웨딩홀이 예약되는 대로 최대한 빨리 영상업체를 선정하길 권한다. 본식영상업체는 경쟁이 치열해서 1년 전에 마감되기도 하니, 정말 내가 원하는 업체를 고르고 싶다면 서둘러 진행하도록 하자.

본식영상업체를 고를 때에도, 스냅업체를 선정할 때 적용했던 다음의 기준이 동일하게 적용되어야 한다.

① 사업자등록이 된 안전한 업체인가?
② 촬영 작가와 원활한 소통이 가능한가?
③ 비전문인 아르바이트생을 쓰지는 않는가?
④ 꼼꼼한 보상정책을 시행하고 있는가?

그 밖에 영상업의 특성상 더 점검해야 할 부분들에 대해 몇 가지 살펴보자.

Point 1 포트폴리오를 맹신하지 않도록 하자

포트폴리오는 해당 업체의 촬영 스타일이 나의 취향과 잘 맞는지 여부를 판단하는 중요한 기준이 되긴 하지만, 너무 맹신해서는 안 된다. 당연히 잘 나온 결과물을 샘플로 올려놓았을 것이기 때문이다. 최종 선택은 반드시 직접 방문하여 상담한 뒤에 이루어져야 한다.

Point 2 직접 방문 상담 시 다음 사항을 확인하자

상담 시 샘플 영상을 직접 시청해 볼 수 있는 업체를 방문하길 권한다. 특히, 4K UHD의 경우 휴대폰이 아닌, TV로 볼 수 있어야 한다. 휴대폰으로는 FHD와 4K UHD를 구별하기가 힘들기 때문이다. 그리고 사전에 카메라 기종을 확인한다(미리 모델명을 확인하여 요청한다). 간혹 휴대폰이나 액션캠으로 촬영하는 업체도 있기 때문이다.

Point 3 원본을 주는 업체로 선택하고, 납기 형태를 미리 확인하자

원본을 보면 4K UHD 화질인지 여부를 확인할 수 있다. 간혹 '4K급 화질'을 4K인 것처럼 홍보하는 업체가 있으므로 꼼꼼히 살펴야 한다. 원본을 USB 형태로 주는지, 메일로 파일만 전달해 주는지 확인한다.

결혼 준비의 다른 분야도 마찬가지이겠지만, 특히 본식 촬영을 위한 업체를 선정할 때는 가성비가 최우선 기준이 되어서는 안 된다. 단지 기록용이 아니라 정말 평생 두고 보고 싶은 의미 있는 장면들을 남기고 싶다면, 그에 상응하는 비용을 지급하겠다는 마음을 가져야 한다. 값싼 비용으로 고퀄리티의 결과물을 기대해서는 안 된다.

본식 촬영 관련 용어들을 정리하고 다음 내용으로 넘어가도록 하자.

매결남 꿀팁! 본식 촬영 관련 용어 정리

스냅	·움직이는 피사체를 재빨리 찍는 사진. 순간을 포착하여 담는 사진. "여기 보세요" 하고 찍는 인위적인 사진이 아니라 정말 순간을 포착하여 찍히는지도 모르게 자연스럽게 촬영하는 방식. ·손목 스냅을 자유자재로 이용하여 카메라를 어딘가에 고정하지 않은 채 신랑 신부의 움직임에 따라 자연스럽게 촬영하는 기법.

원판	·결혼식 퇴장이 끝나고 가족, 친구 및 직장 동료들과 찍는 사진. 과거 사진 촬영 시 사용했던 필름의 모양이 원 형태의 판이었기 때문에 '원판' 촬영이라고 불린다. ·피사체가 정지되어 한곳을 바라보고 촬영하는 형태.
원판 선촬영	·첫 타임 예식의 경우, 원판 촬영을 예식 전에 진행하는 것. ·신랑 신부 및 양가 직계가족이 최소 예식 1시간 반 전에 모두 도착해 있을 때에만 촬영이 가능하다(선촬영을 반드시 해야 하는 것은 아니다). ·원판 선촬영을 진행하면, 예식 후 그만큼의 시간이 단축되므로 친척 및 지인 단체사진 촬영 시 더 많은 연출 컷을 여유 있게 촬영할 수 있다.
연출 촬영	·신랑 신부의 의상, 무대 장치, 조명 등 여러 부분을 종합적으로 지도하여 작품을 만드는 작업. 리허설 촬영 때의 경험을 바탕으로 작품과 같은 아름다운 사진을 촬영하기 위해 촬영 작가와 신랑 신부가 하나가 되어 연출하는 촬영을 말한다. 이때 헬퍼 이모님의 도움을 받아 멋진 베일샷을 촬영하기도 한다.
하이 라이트	·결혼식 장면을 1분 내외로 임팩트 있게 축약한 영상. 보통 SNS 업로드용으로 많이 사용한다.
챕터	·본식영상은 보통 식전, 본식, 식후, 하객맞이(피로연), 인터뷰, 폐백 등의 챕터로 구성된다.
1인 1캠	·촬영자 한 명이 카메라 한 대를 사용하여 촬영하는 것. ·분량이 적을 수 있고, 데이터 유실 사고의 가능성이 있어서 불안하다.
1인 2캠	·촬영자 한 명이 카메라 두 대를 사용하여 촬영하는 것. ·가장 보편적이고 안정되며, 약 50분 내외의 영상을 얻을 수 있는 방법.
1인 3캠	·촬영자 한 명이 카메라 세 대를 사용하여 촬영하는 것. ·1인 2캠과 크게 분량의 차이가 없을 수 있으나, 좀 더 다양한 화각에서 촬영이 가능하다는 이점이 있다.

웨딩 예복은 신랑이 입는 턱시도를 말한다. 턱시도는 리허설 촬영이나 본식 때만 입을 수 있는 옷이라고 생각하기가 쉽다. 그런데 턱시도는 본식이 끝난 후 리폼하여 생활정장으로 입을 수도 있다. 아무리 정장을 즐겨 입지 않는다 하더라도, 누구나 경조사 때 입을 정장 한 벌 정도는 필요하다. 그러니 이번 기회에 예복을 맞추어 보는 것은 어떨까? 드레스투어 때 예복 투어를 함께 진행하는 것도 좋은 방법이겠다.

예복을 준비하는 방법

예복은 기성복 브랜드에서 구매하거나, 예복숍에서 맞출 수 있다. 저마다 장단점이 있으므로 자신에게 맞는 방법으로 선택하도록 하자.

기성복

평소에 선호하는 정장 브랜드가 있고, 표준 체형이라 어떤 옷을 입어도 충분히 맞춤복처럼 소화할 수 있다면 기성복을 선택해도 무방하다. 기성복은 비교적 가격이 저렴하며, 완제품을 여러 벌 입어 볼 수 있으므로 빠르게 구매 의사를 결정할 수 있고 제품이 마음에 들면 그 자리에서 바로 구매할 수도 있다. 수선이 필요하다 하더라도, 기장 조절이나 단순 수선만 추가되므로 제작 기간이 1~2주로 짧은 편이다.

맞춤복

그동안 표준 체형을 대상으로 한 기성복을 입을 때마다 무언가 아쉬웠다면, 이 기회에 나의 체형을 보완해 줄 맞춤

정장을 장만해 보는 것도 좋겠다.

예복을 맞추면 수제화를 증정하거나, 스튜디오 촬영 때 입을 정장 2~3벌과 구두를 무료로 대여해 주는 등의 혜택이 있다. 이는 업체마다 다르니 체크하도록 하자. 또한 예복의 라펠(깃)을 턱시도처럼 무료로 제작해 주기도 한다.

예복을 맞출 경우 가봉이 두 차례에 걸쳐 이루어지므로 예복숍에 2회 이상 방문해야 한다. 그렇기에 기성복에 비해 제작 기간은 3~4주 정도로 다소 길다. 그러니 최소 한두 달 정도로 시간적 여유를 가지길 권한다.

본식이 끝나도 예복은 리폼하여 일상 속에서도 입을 수 있다. 그러니 귀찮더라도 리폼 맡기는 것을 잊지 말도록 하자! 특히, 신랑들은 결혼식 이후 살이 쪄서 본식 때 입었던 예복을 못 입는 경우가 많다. 그런데 맞춤 예복은 어느 한도까지는 무료로 수선해 주니 참고하면 좋겠다.

맞춤복은 온전히 나를 위한 맞춤인 만큼, 내가 원하는 원단과 스타일을 직접 고를 수 있다. 직접 원단을 만져 보고 정확히 전문가에게 상담을 받으면서 진행하도록 하자. 나의 예산과 취향 등을 고려하여 최대한 합리적인 선택을 하자.

한복은 보통 한옥 테마가 있는 리허설 촬영 때나 본식 피로연 때, 또는 폐백을 진행할 때 입는다. 요즘은 웨딩 촬영이나 폐백을 생략하는 추세라 한복을 입는 비율이 점점 줄어들고 있지만, 한복만이 연출할 수 있는 다채로운 멋과 기품을 추구하는 이들이 여전히 많다. 한복의 전통적인 분위기와 트렌드를 접목시킨 다양한 시도도 이루어지고 있다.

한복의 색감 정하기

혼주(양가 어머님) 한복의 경우, 색상이나 디자인을 맞추되 각자의 취향과 체형을 고려한 한복을 고른다. 보통 신부 측 한복은 붉은색 계열을, 신랑 측 한복은 푸른색 계열을 입긴 하는데, 다양한 스타일의 한복을 접하면서 의견을 모아 보는 것도 좋은 방법이다. 한 업체에서 같이 맞추는 것이 가장 좋지만, 물리적으로 거리가 멀다면 양측이 만족할 만한 선택을 하기 위해 소통을 잘하는 것이 중요하다.

한복 구매 및 대여

한복을 맞출 때는 적어도 두 달 전에 한복숍에 방문하는 것이 좋다. 맞춤이기 때문에 사이즈도 미리 체크해야 하고 원하는 색감의 원단도 골라 두어야 하기 때문이다. 그렇게 맞춘 한복은 결혼식 이후 오랫동안 옷장에 보관하게 되는데, 그전에 드라이를 맡기는 것이 좋다. 단, 다른 옷들과 섞이면 이염될 가능성이 높으니 분리하여 맡긴다.

요즘에는 비싼 돈을 들여 한복을 맞추기보다는 대여를 선택하는 경우가 많다. 그리고 한복은 생각보다 유행을 많이 탄다. 아이 돌잔치 때 한복을 대여해 보면 한복 트렌드가 예식 때와 달라졌음을 실감할 것이다. 그렇기에 트렌드를 중시한다면, 한복을 대여하여 편하게 입고 반납하는 편이 낫다.

한복을 대여하기로 결정했다면, 본식 7~10일 전에 한복 대여점을 방문한다. 다양한 디자인의 한복을 보유한 업체를 선택하는 것이 좋다. 업체에 따라 피팅비가 있을 수 있으니 원하는 한복 스타일을 미리 검색해 두어도 좋다. 대여 한복의 경우, 상태가 안 좋을 수도 있으니 꼼꼼히 살피는 것도 잊지 말자.

***** 대여 시 주의 사항**

① 도난 사건이 종종 일어나므로 방문 수령하는 것을 추천한다.
② 대여 시간과 비용을 잘 확인하고, 웬만하면 당일 바로 반납하는 것이 좋다.
③ 실수로 오염 부위가 생겼다면 곧바로 닦자. 이때 물이 묻으면 원단의 염색이 빠질 수 있으니 마른 헝겊이나 휴지를 사용하자.
④ 부주의로 인한 손상에 대한 변상비나 수선비가 청구될 수도 있다.
⑤ 반납 시 오염 및 파손 여부를 함께 확인함으로써 혹여나 생길 수 있는 오해를 방지하자. 의상을 받자마자 사진을 찍어 두는 것도 좋은 방법이다.

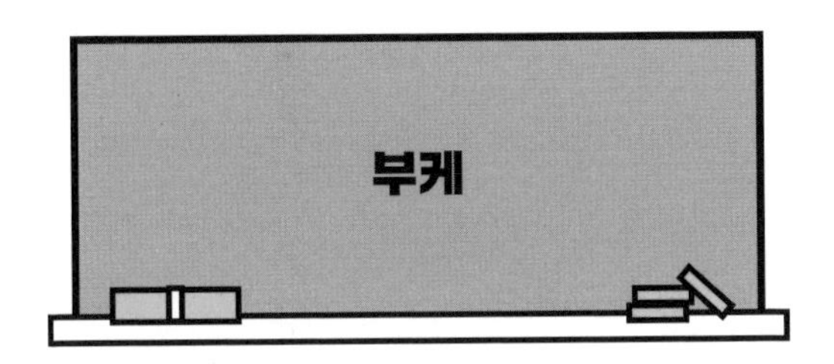

부케는 웨딩 스타일링의 화룡점정이다. 아무리 완벽한 메이크업과 드레스라 하더라도 그에 어울리는 부케를 들지 않는다면, 매우 어색해 보일 수밖에 없다.

부케를 고르는 방법과 시기

본식 시기를 고려하여 그때의 계절감을 반영하는 꽃을

고르는 것이 중요하다. 웨딩홀의 꽃 장식, 신부대기실과의 조화도 생각해야 한다. 홀의 꽃 장식이 무채색이면 유채색의 부케를 선정하는 것이 좋겠다. 하지만 부케의 색상이 너무 도드라지면 부케로 시선이 집중될 수 있으므로 보통은 화이트나 그린, 옐로우, 핑크를 선택하곤 한다.

드레스 스타일과 신부의 체형 및 취향도 고려해야 한다. 그러므로 부케는 웨딩홀이나 드레스가 확정된 후에 고르는 것이 바람직하다.

그리고 너무 촉박하게 주문하면 꽃의 수급이 원활하지 않을 수 있으니, 여유롭게 본식 2~3주 전에는 주문하도록 하자.

부케의 종류 및 특징

라운드	·둥근 모양의 부케로, 가장 기본형이라 할 수 있다. 어떤 체형이든 다 어울리므로 신부들이 가장 많이 찾는 스타일이다. ·얼굴형이 동글거나 벨라인처럼 풍성한 디자인의 드레스를 선택한 신부들에게는 추천하지 않는다.
케스케이드	·아래로 길게 늘어진 모양이 폭포와 비슷해서 '폭포형 부케'라고도 불린다. 해외에서 많이 사용하는 종류로, 국내에서는 생소한 모양일 수 있다. ·야외웨딩 또는 하우스웨딩에서 빛을 발하는 화려한 디자인. ·벨라인처럼 풍성한 드레스와 잘 어울리며, 체형이 큰 신부들에게 추천한다.

컴포지트	·한 송이 꽃을 중심으로 여러 겹의 꽃잎을 이어 붙여 하나의 커다란 꽃 모양으로 만든 부케. ·본식보다는 주로 리허설 촬영 때 많이 쓰인다.
핸드타이드	·줄기 부분을 살려 자연스러운 느낌을 연출한 부케. 보통 카라나 튤립으로 많이 제작한다. ·풍성한 드레스보다는 슬림한 느낌이 나는 미카도실크 재질의 드레스나 머메이드 드레스를 입는 신부들에게 추천한다.
암시프	·팔로 안아서 드는 부케로, 줄기를 길게 하여 우아한 분위기를 내고 꽃잎을 그대로 살려 자연스러운 느낌을 연출한다. 요즘에는 라운드 부케 못지않게 인기가 많다. ·핸드타이드와 마찬가지로 슬림한 머메이드 드레스를 입는 신부들에게 추천한다.

웬만한 꽃집은 모두 부케를 제작할 수 있지만, 그래도 업체의 스타일이나 신뢰도를 파악해야 한다. 그리고 같은 꽃인데도 업체에 따라 가격이 다른 경우가 많다. 계절이나 생산지, 유통 과정이나 보관 방법 등 다양한 요소들이 작용할 것이다. 가장 좋은 것은 내게 맞는 업체를 찾는 것이다. 나의 취향, 계절, 드레스, 웨딩홀 등을 고려하여 나에게 가장 맞는 업체를 선정하도록 하자.

합리적인 가격으로 부케를 고르고 싶다면?

일단 단일 꽃으로 된 부케를 선택한다. 부케를 이루는 꽃의 종류가 다양할수록 가격이 올라간다. 카라나 튤립처럼 같은 종류끼리 하나로 모았을 때 더 빛이 나는 꽃도 있으니 알아보자. 계절에 맞는 꽃을 고르는 것도 좋은 방법이다. 희소성이 높은 꽃일수록 비싸다. 게다가 수입을 해 와야 하는 상황이면 단가가 더 오를 수밖에 없다. 제철 꽃일수록 싱싱함도 오래가니 참고하도록 하자.

매결남 꿀팁! 부케 관련 용어 정리

부케	예식 때 신부가 들고 있는 꽃다발.
부토니아	예식 때 신랑의 턱시도 상의 가슴 주머니에 들어가는 꽃으로, 부케와 동일한 꽃을 사용한다.
코사지	양가 혼주와 사회자 및 주례자의 가슴에 다는 꽃.

*부케 상품은 대체로 부케 1, 부토니아 1, 코사지 6으로 구성되어 있다.

*** 홀의 꽃 장식

꽃 장식은 홀의 분위기를 좌우하는 중요한 요소다. 신부대기실과 홀을 100% 생화로 장식할 수 있다면 좋겠지만, 비용이 생각보다 많이 드는 데다가 요즘에는 생화만큼 아름다운 조화들이 많은 까닭에 일반 웨딩홀에서는 조화와 생화를 섞어 사용한다. 보통 웨딩홀 대관료에 이러한 꽃 장식비도 포함되어 있다. 꽃 장식은 웨딩홀과 제휴되어 있는 플라워업체를 선택하여 진행하는 것을 추천한다. 장식 작업은 보통 하루 전이나 당일 새벽 일찍부터 진행하기 때문에, 이동이나 보관 등의 측면에서 외부 업체보다는 제휴업체가 여러모로 편리하다. 강한 조명 아래서 꽃들이 얼마나 싱싱함을 유지할 수 있는지도 중요한 요소이기 때문이다.

예물과 예단은 두 집안 간에 적지 않은 비용이 오고 가는 일이므로 결혼식 준비 과정에서 가장 민감하게 다가올 수 있는 사안이다. 요즘은 예식 준비 과정이 간소화되면서 이러한 전통적 방식을 허례허식이라 여기고 생략하는 이들이 많아졌지만, 저마다 처한 상황과 의견이 다른지라 명확한 기준이 없다. 그러므로 너무 무리되지 않는 선에서 각 집안의 현실에 맞게 잘 조율해야 한다. 예물과 예단은 가공 시간을 고려하여 미리 준비하는 것이 좋다.

예물

예물이란 신부의 첫 인사를 받은 시부모가 답례로 주는 물품을 일컫기도 하지만, 통상 신랑과 신부가 결혼 기념으로 주고받는 물품을 말한다. 비슷한 가격대 안에서, 주로 신부는 보석 세트와 가방을, 신랑은 시계와 금목걸이를 받는데, 요즘에는 서로 커플링만 주고받는 경우가 늘고 있다. 각자의 상황과 예산 우선순위를 토대로 잘 상의하여 예물 구성에 대해 결정하도록 하자.

예물의 경우, 예물숍에 가기 전에 각각의 품목에 대해 어느 정도 지식을 갖추어 놓아야 상담 받을 때 편하다. 그러지 않으면, 제대로 된 물건을 합리적인 가격에 사지 못할 수도 있다.

다이아몬드

결혼 예물 하면 가장 먼저 떠올리는 것이 다이아몬드 아닐까? 다이아몬드를 선택할 때는 반드시 감정서를 확인해야 한다. 대표적인 감정 기관으로, 세계적으로 공신력과 인지도

가 높은 'GIA'와 국내에서 가장 인지도가 높은 '우신'을 들 수 있다. 어느 기관의 감정서인지에 따라 가격이 달라진다. 또한, 4C를 꼼꼼히 확인하도록 한다. 4C라 함은, 중량carat, 색상color, 투명도clarity, 연마cut를 말한다. 이들이 어떻게 조합되느냐에 따라 가격이 달라진다.

커플링

요즘은 간소하게 커플링만 하기도 한다. 순금보다 다양한 디자인 연출이 가능하고 내구성이 튼튼한 14K, 18K, 백금 등을 많이 선택한다. 커플링의 경우, 신랑 신부가 똑같이 맞추는 것이니 두 사람 모두가 원하는 품목을 골라야 하는데, 실제로 커플링을 맞추는 과정에서 서로의 취향이 팽팽히 대립하는 경우가 많다. 그렇기에 반드시 함께 예물숍에 가서 직접 착용해 보고 정하길 권한다.

'종로가 싼가, 강남이 싼가?' 또는 '백화점이 좋은가, 동네 주얼리숍이 좋은가?' 이렇게 묻는 이들이 많은데, 사실 별 의미가 없는 질문이다. 요즘에는 대부분 소비자 가격이 형성되어 있고, 브랜드와 디자인에 따라 가격이 달라지기 때문이다. 두 사람의 예산 안에서 원하는 디자인을 어느 정도 정해 두고, 상권을 이루고 있는 곳을 함께 다니며 시장조사를 한 다음 차근차근 예물숍을 정해 보아도 좋다.

리허설 촬영 전에 미리 커플링을 비롯한 예물을 준비해 놓으면 예물숍에서 티아라와 같은 액세서리를 무료로 대여해 주니 참고하도록 하자.

예단

예단은 전통 혼례 방식에서 이어져 온 것들이 대부분이라 요즘 결혼하는 세대들은 그 필요성을 느끼지 못하는 경우가 많지만, 막상 결혼을 준비하다 보면 예단을 하지 않을 수 없는 상황에 처하기도 한다. 결혼 당사자인 두 사람의 의견보다도 두 집안 간에 충분한 소통이 필요한 영역이라는 점을 생각할 때, 예단은 결혼 준비에서 가장 어려운 숙제라 할 수 있겠다. 최대한 간소함을 추구하는 것이 요즘 웨딩의 추세이긴 하지만, 예단 문화를 무조건 허례허식이라고 치부하기보다는 여기에 담긴 의미를 존중하면서 두 집안이 더 돈독한 관계를 맺는 계기로 삼는 태도도 중요한 것 같다.

예단이란 '예물로 보내는 비단'이라는 뜻으로, 보통 신부가 신랑 측에 보내는 돈 또는 물건을 뜻한다. 과거에는 신랑 측에서 신혼집을 마련해 오고, 신부 측에서 감사의 의미로 신혼집 가격의 10% 금액에 해당하는 예단을 보내는 것이 일반적이었다. 그러나 요즘은 집값이 너무 올라서 그 기준을 적용하기가 어렵다.

전통적으로 예단의 범위는 신랑의 직계 사촌에서 팔촌까지인데, 이는 폐백을 받는 친척들의 범위와도 일치한다. 요즘은 시댁과 가깝게 지내는 친지들 위주로 예단을 준비한다. 예단과 관련된 사항은 여러 가지가 있는데, 정리하여 살펴보도록 하자.

예단 관련 항목 및 내용

현금예단	·예단을 받는 범위가 신랑의 직계 사촌에서 팔촌까지라는 점을 생각했을 때, 그들의 취향을 일일이 고려해 현물로 예단을 준비하기 어렵기 때문에 현금으로 현물을 대신하기도 한다. ·300만, 500만, 700만 등과 같이 홀수 금액을 빳빳한 새 돈으로 비단 봉투에 넣어 손편지와 함께 전달한다. ·한복을 대여하거나 맞출 경우, 한복숍에서 예단 진행을 도와줄 것이다.

현물예단	·흔히 은수저, 반상기, 이불을 예단 3종 세트라 일컫는다. 전통을 중시하는 집안에서는 여전히 현물로 주고받기도 한다.
애교예단	·현물이 아닌 현금을 예단으로 준비하는 경우, 또는 그것도 생략하는 경우, 간단히 애교예단을 준비하기도 한다. ·귀이개, 손거울, 청홍잡곡주머니와 같은 작고 앙증맞은 소품으로 구성된다. ·시댁의 취향에 맞추어 실용적인 선물로 대체하기도 한다. ·애교라는 말처럼 시부모님께 '예쁘게 봐 주세요'라는 뜻을 전달한다.
봉채비	·신부로부터 받은 예단 비용의 40~50% 정도를 돌려주는 것을 말한다. ·보통 예단을 받은 날로부터 2주 이내에 주는데, 당일에 주는 경우도 있다. ·신부의 가족에게 옷을 장만하라는 명목으로 주는 비용이다.
꾸밈비	·예물과 별개로 신부를 꾸미는 데 사용하라고 주는 비용이다. ·꾸밈비는 전통은 아니며, 현대에 새로 생긴 결혼 문화다. 봉채비에 포함되기도 하고, 별도로 주기도 한다.
함	·'채단'(꾸밈비로 구입한 신부의 예복, 화장품, 예물)을 '혼서지'(신랑의 집안이 신부의 집안에 보내는 편지)와 함께 '함'에 넣어 신랑이 신부의 집으로 가져온다. ·한복숍에서 함 포장을 진행한다. 이때 추가금이 있나 확인해야 한다. ·이렇게 만들어진 함을 본식 일주일 전에 신부의 집으로 가져간다. 옛날에는 신랑의 친구들까지 동원하여 잔치처럼 성대하게 치렀지만, 요즘은 보통 신랑 혼자 가져가며, 다들 시간이 안 맞을 경우 이 의식을 아예 생략하기도 한다.
이바지 음식	·시댁에 장만해 가는 음식. 정성스런 음식으로 시부모를 편안하게 모시겠다는 전통적 의미를 담고 있다. 오늘날은 사돈과 정을 나누는 인사의 의미다. ·요즘은 많이 안 하는 추세다. 또는 이바지 업체에서 폐백 음식과 함께 주문한다.
답바지	·이바지에 대한 답례로, 신랑 집안에서 신부 집안에 보내는 음식.

요즘은 실용성을 중시하여 위와 같은 형식 대신, 혼주 의상을 준비하는 것으로 대신하기도 한다. 예물과 예단은 많이 한다고, 또는 무조건 아낀다고 좋은 것이 아니다. 각자 집안의 문화와 상황에 맞게, 두 집안끼리 잘 합의하여 준비하는 것이 중요하다.

***** 폐백이 뭐예요?**

신부가 혼례를 마치고 시댁에 와서 시부모를 비롯한 시댁 어른들에게 인사를 드렸던 전통 혼례 의식으로, '구고례'라고도 일컬었다. 유교 문화가 자리 잡기 이전에 우리나라는 신랑이 처가살이를 하는 것이 일반적 풍습이었기에, 혼례 후 신부가 시댁을 방문하여 시댁 어른들에게 인사를 드리는 것이 매우 타당한 일이었다. 요즘은 과거와 상황이 달라 그 의미가 퇴색되었을 뿐만 아니라 예식 자체를 간소하게 하는 추세라 아예 생략하기도 하지만, 오늘날 상황에 맞게 그 의미나 형태를 살짝 달리하여 진행하기도 한다. 물론, 저마다 시각과 의견이 다르므로, 폐백 관련 사항을 결정하기 전에 서로 원만하게 합의하는 것이 중요하다.
폐백을 진행할지 말지 여부는 웨딩홀 예약 시 결정한다. 폐백실 사용료는 웨딩홀 사용료에 포함된다. 이 금액 안에 폐백 의상(활옷)비 및 액세서리 비용도 들어 있다(웨딩홀에 소속되어 있는 폐백 수모를 신청하는 비용은 별도로 지불하는 경우가 많다). 폐백 시 입는 활옷은 웨딩홀 측에서 대여해 주므로 한복을 준비할 때 따로 고려하지 않아도 된다. 심지어 활옷 안에 꼭 한복을 입지 않아도 되니 참고하도록 하자.

웨딩카는 결혼식 날 신랑 신부가 타는 차량을 말한다. 웨딩카라고 하면, 사진 찍기 좋도록 화려하게 치장한 퍼포먼스용 차량을 떠올리는데, 사실 웨딩카는 아주 실용적인 목적으로 이용하는 차량이다. 바로 신랑 신부가 헬퍼 이모님과 함께 수많은 짐들을 싣고서 웨딩홀로 안전하게 이동하는 용도다. 그러므로 웨딩홀이 집과 매우 근거리에 있다면, 굳이 웨딩카가 필요하지 않을 수도 있다.

신랑이 자기 승용차에 짐과 사람을 싣고 직접 운전하여

웨딩홀로 이동할 수도 있다. 그러나 그날 신랑은 예식 관련 일만 신경 써도 매우 분주할 것이므로, 운전과 짐 챙기는 일을 도와줄 친구를 섭외해 놓는 것이 좋다. 그리고 예식 당일에는 옮겨야 할 짐도 많고, 함께 이동해야 할 사람도 많으므로, 일반 승용차보다는 층고가 높은 승합차량을 이용하는 것이 적합하다. 무엇보다, 신부가 입은 드레스의 부피감이 커서 자리를 많이 차지할뿐더러, 머리에 쓴 티아라 때문에 승용차를 타기엔 많이 불편하다.

의전용 차량을 전문으로 취급하는 렌트카 업체에서 웨딩카 서비스를 예약하는 것도 한 방법이다. 일단, 사람들의 이목이 집중될 정도로 외양이 멋있어서 웨딩카로 손색이 없는 동시에, 차량 내부도 커서 짐도 충분히 실을 수 있고 여럿이서 편안히 이동할 수 있다. 게다가 그러한 승합차는 버스전용차로를 달릴 수가 있기 때문에, 차가 많이 막히는 주말에도 이동하기가 편하다는 장점이 있다. 요즘은 웨딩홀을 계약할 때 웨딩카 계약도 바로 같이 하는 추세라고 한다. 미리 예약해야 잡을 수 있다고 하니 참고하도록 하자.

본식 당일에 양가 가족들이 모두 동일한 숍에서 메이크

업을 받게 되었다면, 웨딩카를 사용하는 것을 추천한다. 모두가 한 번에 같이 움직이는 것이 훨씬 효율적이니 말이다.

앞으로 두 사람이 길게 시간을 내어 함께 여행을 떠날 수 있는 기회가 많진 않을 것이다. 신혼여행 기간이 어쩌면 시간적으로나 금전적으로 가장 여유로운 휴가일 것이다. 이 소중한 시간을 평생 기억에 남을 만한 추억으로 가득 채우려면, 이 여행을 계획하고 즐길 권한이 온전히 두 사람에게 있음을 기억하고 그에 걸맞은 준비를 해야 한다.

신혼여행 준비는 일찍 할수록 좋다

해외의 경우 일찍 예약할수록 혜택이 주어지는 상품들이 많다. 비행기도 미리 예매를 하면 보다 저렴하게 티켓을 구매할 수 있다. 우선 결혼식 날짜와 시간대가 정해진 이후부터 준비하길 권한다. 너무 미리 준비하면 일정을 맞추기가 애매해질 수 있기 때문이다,

여행 계획은 어떻게 짜야 할까?

먼저, 두 사람의 취향과 필요를 고려하여 테마를 정한다. 본인들이 휴양을 원하는지, 활동적인 체험에 도전하고 싶은지, 이색적인 관광을 하고 싶은지 머리를 맞대고 잘 상의하여 계획을 짜 보자. 그 테마에 따라 여행 지역과 예산이 결정된다. 단, 휴양 시간을 꼭 포함시키자. 그간 결혼식 준비로 인해 심신이 많이 지쳐 있는 상태일 것이다. 너무 관광에만 목적을 두면 오히려 더 힘든 여행이 될 수 있다.

예식이 끝나는 시점과 휴가 기간에 따라 일정이 달라지겠지만 너무 빡빡하게 일정을 잡지 않도록 주의하자. 여행 다녀와서 양가에 인사드리고 여독을 풀기 위해 휴식을 취하는 시간도 고려해야 한다.

일반 대형 여행사? 허니문 전문 여행사?

어느 것이 더 좋다고 딱 잘라 말할 수는 없다. 허니문 전문 업체의 경우, 신혼부부의 취향을 심세하게 고려한 맞춤형 여행 상품들이 많으니 참고하면 좋다. 사업자등록이 제대로 되어 있는 안전한 업체인지 파악하는 것은 필수다. 여행의 시기와 장소, 일정 등 가격에 영향을 미치는 요소들이 많으므로, 가능한 한 다양하게 견적을 뽑아 보고 본인들의 상황에 맞게 선택하면 된다. 신혼여행 가서 맘껏 놀며 즐기는 것은 좋지만, 여행 이후에 받게 될 카드 청구서를 염두에 두고 적절한 지출 계획을 세우도록 하자.

요즘에는 팬데믹 상황 때문에 '출국이 아니라 출근을 한다'는 신혼부부도 많고, 해외여행보다는 국내 여행을 택하는 이들도 많아졌다. 코로나가 끝나면 그때 휴가를 내어 편안하게 다녀오는 것도 좋은 방법이다.

요즘에는 청첩장을 두 번 만든다. 종이로 된 오프라인 청첩장과 모바일 청첩장이다. 직장 동료 및 가까운 지인들에게는 직접 종이 청첩장을 전달하고, 오프라인으로 만나기 어려운 지인들에게는 모바일 청첩장으로 대신하는 것이 요즘 추세다. 보통 종이 청첩장을 주문하면 모바일 청첩장과 식권을 무료로 제작해 주는 곳도 많으니 체크해 보자.

청첩장 제작 시 고려할 점

Check 1 샘플은 반드시 실물로 확인한다. 사진으로 보는 것과 인쇄물로 보는 것에는 차이가 있기 때문이다.

Check 2 대체로 제작 기간이 7~10일 정도 걸리는데, 혹여나 수정 사항이 생길 수 있으므로 기간을 여유롭게 잡는다. 결혼식이 많은 성수기이거나 해외에 있는 지인에게 청첩장을 보내야 하는 상황이 있다면, 본식 한 달 전보다 더 일찍 보내야 하므로 참고하도록 하자.

Check 3 많은 이들이 어떤 문구를 넣을지 고민한다. 대부분 청첩장 업체의 샘플을 보면 다양한 디자인에 정말 참신하고 좋은 문구가 많으니, 결정만 잘하면 될 것이다. 오탈자, 맞춤법, 띄어쓰기 등을 꼼꼼히 살피고 예식에 관한 정보(신랑 신부와 혼주의 이름, 예식 날짜, 웨딩홀 위치, 주소 등등)가 정확하게 들어갔는지 확인하자.

Check 4 계좌번호를 넣을 경우, 신랑과 신부의 계좌번호를 구분하여 넣도록 하자.

Check 5 팬데믹 상황 때문에 예식 일정이 변경되는 경우가 늘면서, 종이 청첩장을 다시 만들어야 하는 상황이 많이 생긴다. 그렇기 때문에 요즘에는 청첩장 관련해서도 다양한 보상정책 및 할인정책 상품이 만들어지고 있으니 확인해 보자.

청첩장 보낼 때 에티켓

집안 어른의 경우, 지인들을 자주 만나지 못하시므로 모임이 있을 때 미리 청첩장을 드리는 것이 좋다. 이때 시간을 내어 참석해 주시길 부탁드리는 것이므로 성의를 표시할 만한 선물을 함께 드리는 것도 좋다.

그리고 사전에 아무 말 없이 모바일 청첩장만 보내는 것은, 아무리 친한 사이라 하더라도 예의에 어긋난 행동이다. 사전에 안부 전화를 하여 직접 전달하지 못하게 된 것에 대한 미안함과 인사의 말을 전하고 모바일 전송을 하길 권한다. 직접 만나서 청첩장을 전달하였더라도 결혼식 일정, 웨딩홀 위치 등을 간편하게 확인할 수 있도록 모바일 청첩장을 한 번 더 보내 주면 좋다.

청첩장 봉투에 받는 이의 이름을 손수 적어 전달한다면, 받는 입장에서도 정성을 느낄 수 있다. 그리고 결혼식이 끝나고 신혼여행을 다녀온 후 참석해 준 사람들에게 감사의 전화나 메시지 등을 전달하는 것이 좋다.

WELCOME TO WEDDING SCHOOL

PART 3

건강한 웨딩 문화를 위한 제안

가격을 투명하게 공개하자

결혼을 준비할 때 가장 어려운 것은 웨딩 상품 및 서비스의 가격 정보가 투명하게 공개되고 있지 않다는 점이다. 대다수의 업체가 온라인이나 전화 통화로는 가격을 공개하지 않으며, 방문 상담을 통해서만 구체적으로 안내한다. 앞에서도 살펴봤지만, 계약할 때가 아니라 현장에서 서비스를 받을 때에야 비로소 '진짜' 가격을 알게 되는 경우도 있다.

업체들끼리도 서로의 정보를 알지 못하므로 상담을 요청하는 고객인 척 가장하고 잠입(?)하여 정보를 캐내는 경우도 있다. 이처럼 폐쇄적인 업계 분위기는 시장에서 고객을 소외시키고, 거품이 가득한 오늘날의 웨딩업 생태계를 만드는 데 한몫했다고 생각한다.

그래서 웨딩업 종사자들에게 상품에 대한 정보를 모두 공개하자고 제안하고 싶다. 음식점이 재료의 원산지 정보를 공개하고 가게 입구에 들어가기 전에 메뉴와 각 메뉴의 구성 및 가격까지 모두 안내하듯이, 우리 웨딩업계도 상품의 단가를 공개하고 그 상품이 얼마의 가격에 어떻게 구성되어 있는지를 오픈하는 것이다.

또한, 부르는 게 값인 추가금 영업으로 수익을 내는 구조도 바뀌어야 하지 않을까? 필수 옵션들과 그에 따른 추가금 항목들도 처음 계약할 때부터 투명하게 밝히자는 것이다. 계약할 때는 제한된 정보만 오픈했다가 이후에 필수 옵션에 해당하는 추가금을 요구하는 것은 고객을 우롱하는 행위라고 생각한다.

실제로 우리 회사의 경우 홈페이지에 상품 구성뿐 아니

라 가격까지 모두 공개하고 쇼핑몰처럼 아예 온라인상에서 결제까지 완료할 수 있는 시스템으로 운영하고 있다. 이처럼 공개된 정보들을 바탕으로 고객들이 적극적으로, 그리고 주체적으로 판단하고 선택할 수 있는 환경이 만들어져야 한다. 그리하여 고객이 시장을 주도하게 되면, 업체가 기존의 정직하지 않은 방식으로 이윤을 남기던 관행에서 벗어나, 고객의 선택을 받기 위해 오히려 서비스의 질을 높이려는 바람직한 분위기가 형성될 것이다. 이런 식으로 이루어지는 업체 간의 경쟁을 통해 자연스럽게 형성되는 소비자 가격이야말로 거품이 걷어진 합리적인 가격이 아닐까?

고객의 필요에 따라 정보를 제공하자

코로나 상황으로 인해 웨딩 관련 정보를 얻기가 더 어려운 요즘이다. 예컨대, 웨딩홀 투어를 하더라도 굉장히 제한적이다. 인원 제한 조치 때문에 실제로 투어를 하는 대신, 인터넷에 나온 사진과 후기들에 의존하여 선택한다고 해도 과

언이 아니다. 그래서 우리는 기존 고객들의 동의를 받고, 우리의 촬영 데이터에 기반하여 신랑 신부들에게 필요한 정보들을 제공한다. 웨딩홀 리뉴얼 정보를 비롯해 신부 대기실에 어떤 디퓨저 향이 나는지, 어느 웨딩홀에 어떤 음식이 맛있는지, 주차 및 기타 정보들에 대하여 우리가 아는 한 모든 정보를 공유한다.

다소 전문적인 정보도 제공한다. 이런 질문을 종종 받는다.

"사진을 인쇄해야 할까요, 인화해야 할까요?"

그러면 나는 '인화해야 한다'고 알려 준 뒤 쇼룸에서 인쇄와 인화의 차이를 눈앞에서 직접 보여준다. 또한 영상과 관련해서도 4K UHD와 FHD의 차이를 모르는 분들을 위해 각각을 비교 대조하면서 영상과 음질 면에서 어떤 차이점이 있는지, 왜 4K UHD를 선택해야 하는지에 대해 설명한다.

방문 고객과의 상담은 단순히 상품만 소개하는 시간이어서는 안 된다. 신랑 신부의 이야기를 듣고 그들의 필요를 파악하는 작업이 이루어져야 한다. 다른 웨딩업 분야도 마찬가지이겠지만 재촬영이 불가능한 본식업의 경우에는 더더욱, 고객과의 충분한 소통이 이루어질수록 콘텐츠의 질이 높아질 수밖에 없다. 그래서 우리는 상담 때 일대일 맞춤형으로 큐레이팅 서비스를 제공한다. 고객의 상황에 맞게 카메라를 선택하고 구도를 정한다. 이렇게 소통하는 과정을 통해 기계적인 서비스 수행을 넘어서서 고객과 더불어 작품을 만드는 것이다.

*** 화면이랑 실물 사진이랑 왜 다르죠? ('인쇄'와 '인화'의 차이)

사진을 출력할 때는 보통 두 가지 방식을 사용한다. 바로 인쇄와 인화다. 인쇄는 사진 데이터를 종이에 그대로 찍어 눌러 출력하는 것을 말하고, 인화는 특수 인화지에 인쇄를 한 뒤 코팅까지 더하는 것을 뜻한다. 방식이 다르기 때문에 퀄리티나 단가 면에서 차이가 날 수밖에 없다. 물론 인쇄에서 인화 품질에 가까울수록 제작비가 훨씬 더 많이 든다.

보통 서점에서 만나는 출판물의 경우 인쇄 과정을 거치게 된다. 하지만 오래 보관할 사진은 인쇄보다 인화형(앨범의 경우, 책 제작과 같은 과정도 포함되므로 100% 인화라 하지 않고 보통 '인화형'이라 일컫는다)으로 제작하는 것이 좋다. 인쇄할 경우 시간이 지나면 종이 자체의 색이 바래 사진이 상하게 되지만, 인화형은 코팅 과정을 거치기 때문에 훨씬 더 오랫동안 좋은 상태로 보관할 수 있기 때문이다.

문제는 증명사진과 같은 일반 사진에 사용되는 인화 방식은 결혼 앨범 제작에 알맞지 않다는 것이다. 일반 사진 인화는 단면 인화 방식을 사용하므로 양쪽 면을 다 제작해야 하는 앨범에는 적절하지 않기 때문이다. 그래서 대부분의 업체에서는 단가도 저렴하고 제작도 쉬운 인쇄 방식을 택한다.

하지만 위에서 말했듯이 인화형보다 인쇄는 퀄리티가 떨어질 수밖에 없다. 보통 스튜디오에서 사용하는 인디고 4도, 인디고 6도 인쇄 방식은 사진 고유의 색상을 그대로 표현하기가 어렵고 시간이 지날수록 변색되기 마련이다. 우리가 사진을 컴퓨터 화면으로 볼 때와 앨범으로 볼 때 확연한 차이를 느끼는 것은 그러한 이유에서다. 이를 막기 위해 우리는 '드림라보'라고 불리는 인화에 가장 가까운 방식을 쓰고 있다.

'드림라보' 방식은 인쇄 방식에 비해 최대한 사진 고유의 색감을 구현하고 오래 보존할 수 있다. 비전문가의 눈으로도 식별이 가능할 정도로 차이가 난다. 단가가 비싸기 때문에 대부분의 업체에서는 이 방식을 채택하지 않지만 말이다. 하지만 값비싼 '웨딩' 사진에 걸맞은 퀄리티를 구현하려면, 최소한 이 방식을 사용해야 하지 않나 싶다. 그래서 우리 회사의 경우, 상담하러 온 고객들에게 인디고 4도, 6도 앨범과 드림라보 앨범을 모두 보여준 후, 이 중 선택하게 한다.

최고의 품질을 지향하자

'상품이 아닌 작품을 만들다'라는 문구는 이 일을 처음 시작했을 때부터 지금까지 마음속 깊이 새겨 둔 말이다. 이 짤막한 문장에는, 단순한 웨딩 상품이 아니라 최고의 영상 작품을 만들겠다는 다짐과 자부심이 담겨 있다. 고객을 상담할 때는 단순히 웨딩 사업자가 아니라 영상 전문가의 시각과 입장에서 그들에게 필요한 조언을 하고, 본식 촬영을 할 때는 그야말로 '작품'을 만들기 위해 혼신의 힘을 다한다. 지금까지 영상을 전공한 이들만을 채용해 온 것도 그런 마인드를 가진 이들과 함께 일하고 싶었기 때문이다. 그렇게 최고의 촬영 작가들을 꾸리고, 최고의 장비와 도구를 구비하고, 최고의 마인드를 가지고 촬영에 임하고자 노력했고, '상품이 아닌 작품을 만들다'라는 슬로건에 최적화된 업무 시스템을 추구해 왔다.

프리랜서(FREE-lancer) 말고, 프리랜서(PRE-lancer)

제대로 준비된 촬영을 위해서는, 최고의 촬영 작가와 함께하는 것이 무엇보다 중요하다. 그렇기에 비전문인 프리랜서(FREE-lancer, 아르바이트생)를 고용하지 않는 것은 매우 당연한 일이다. 이는 창업 이래 우리 회사가 철저히 지켜 온 원칙이기도 하다. 고객의 스케줄에 맞는 직원이 없을 경우, 욕심을 버리고 그 계약을 깔끔하게 포기한다. 앞으로도 그럴 것이다.

여기서 'FREE-lancer'와 'PRE-lancer'를 구분하여 말하고자 한다. 발음은 같은 '프리랜서'지만, 나는 이 둘에 완전히 다른 의미를 부여한다. 'FREE-lancer'는 어느 한 곳에 소속되지 않은 채로, 여러 웨딩업체에 등록되어 비정기적으로 웨딩 촬영을 하러 다니는 아르바이트생을 말한다. 이들은 하루에 두 곳 이상의 업체로부터 일을 의뢰받아 촬영을 하기도 한다. 수많은 업체와 연락하고 일거리를 받기 때문에 어느 업체 소속으로 촬영을 진행했는지조차 모르는 프리랜서 FREE-lancer 도 많다. 더 큰 문제는, 이들이 대부분 촬영 일에 숙련되지 않은 비전문가인 경우가 많다는 것이다.

반면에, 'PRE-lancer'는 한 곳의 업체에 지정 등록되어 해당 브랜드의 스타일에 맞는 촬영 기법을 사용하며, 평일 및 주말마다 고정적인 스케줄로 근무하는 경우를 말한다. 'PRE-lancer'의 'PRE'는 '프리미엄 premium'의 'pre'로, 이들은 자기만의 예술적 고집이 있는 촬영 전문가이자 프로들이다. 그들은 자부심을 가지고 혼신의 힘을 다해 촬영에 임하고, 단순히 돈을 버는 일 이상의 가치를 이 일에 부여한다.

우리 회사의 경우, 회사 내부 교육 시스템과 실무진들의 엄격한 테스트를 거쳐 'FREE'를 'PRE'로 만드는 커리큘럼을 갖추고 운영하고 있다. 뿐만 아니라, 분기별로 자체적으로 평가하는 시간도 가진다. 고객이 자신들의 생애 단 한 번뿐인 순간을 최고의 작품으로 만들어 주리라 기대하며 우리에게 일을 맡겼는데, 거기에 제대로 준비된 인력을 투입하려면 마땅히 그에 걸맞은 노력을 기울여야 한다고 생각한다.

촬영 전문가를 고용하기 힘든 여건이라고 해서, 비전공자 프리랜서[FREE-lancer]를 웨딩 현장에 투입하는 것을 합리화할 수는 없다. 차라리 일을 받지 않고 수익을 포기하는 한이 있더라도, 최고의 실력을 갖춘 전문가 프리랜서[PRE-lancer]들을 꾸려 최고의 결과물을 고객에게 선사하는 일만큼은 포기하지 않았으면 한다. 이것이 웨딩 본식업에 종사하는 모든 이들의 고집이 되었으면 좋겠다.

결과물이 고객에게 가 닿기까지 책임지는 시스템

'웨딩 앨범은 잊을 만하면 나온다'는 말이 있다. 보통 3개월 전후로 나오는 경우가 가장 많지만, 업체가 앨범 납기일을 지키지 않아서 고객의 속을 끓이는 사례가 심심찮게 들린다. 앨범이 늦게 나오는 가장 큰 원인은 촬영 인력, 편집 인력을 모두 외주로 쓰는 작업 구조에 있다. 중국 공장에 외주를 맡기는 업체도 많다. 그렇다 보니, 점 하나 지워 달라는 요청도 바로바로 반영되지 못하고 중국 업체나 외주 업체에 보내느라 시간이 걸리기가 일쑤다. 심지어 그 과정에서 고객의 요청이 누락되기도 한다.

이러한 상황을 만들지 않으려면, 촬영하고 편집하고 앨범 제작 과정을 점검하는 모든 과정을 주관할 수 있는 업무 시스템을 내부적으로 구축하는 것이 필요하다. 우리 회사는 CS팀을 통해 접수된 고객의 의견과 요청을 바탕으로 촬영팀과 편집팀이 서로 긴밀하게 소통하며 촬영 이후 편집 작업을 진행하는데, 상황에 따라 촬영 담당자가 직접 자신의 촬영물을 편집하기도 한다. 이러한 내부 협업 방식은 앨범 제작 시간을 단축하여 고객에게 정확하고 빠르게 콘텐츠를 전달하게 할 뿐만 아니라, 훗날 신랑 신부님과 그날을 추억하면서 소통하기에도 좋다. "그때 우리 이런 일이 있었잖아요. 그래서 신부님 눈 감기신 거예요" 이런 소소한 대화도 주고받으면서 말이다.

본식업체의 역할은 단순히 촬영만 하는 것이 아니라, 우리가 찍은 본식 촬영물이 하나의 영상과 앨범이 되어 고객에게 가 닿을 때까지 모든 과정을 챙기고 책임지는 것까지 포함한다고 생각한다. 사실상 이를 감당할 인력이 부족하기 때문에 아르바이트를 쓰는 것인데, 이는 필연적으로 결과물의 품질 저하로 이어질 수밖에 없다. 그렇기에 무리하게 욕심내지 않고 각 업체가 온전히 책임질 수 있는 정도로만 일을 받는 것이 바람직하다. 아르바이트를 쓰면 당장은 저렴한 인건비로 많은 촬영 건을 소화할 수 있으니 업체에 이득인 것 같지만, 누군가의 가장 소중한 순간을 담보로 하여 얻은 이득이 과연 떳떳한 것일까?

촬영은 양심적으로, 수정 및 보정은 비양심적(?)으로

본식 촬영장은 예식의 최전선이다. 어디서 총알이 날아올지 모르고 언제 어디서 폭탄이 터질지 모르는, 그야말로 전쟁터와 같다. 시간은 제한되어 있고, 그 시간이 지나면 두 번 다시 같은 장면을 촬영할 수 없기 때문이다. 이러한 본식 현장의 촬영자들은 최전방에 서는 요원들이다. 생방송의 키를 쥐는 메인 PD와 메인 카메라감독, 작가 역할을 촬영자 개개인이 한꺼번에 수행해야 한다. 또한 언제 어디서 돌발 상황이 생길지 알 수 없는 그 공간에서 현장 분위기를 리드해야 한다. 그러면서 동시에 신랑 신부에게 상품이 아닌 작품을 선사하기 위해 뷰파인더에 집중하고 셔터를 누른다. 본식 촬영자들은 이 과정을 한 번 겪을 때마다 1~2kg씩 빠진다는 느낌이 들 정도로 내내 온몸의 신경을 곤두세우고 집중한다. 예식을 직접 치르는 신랑 신부만큼이나 긴장하며 촬영에 임하는 것이다. 그렇게 무사히 촬영을 마치고 나면, 긴장이 풀리면서 온몸의 진이 다 빠진다. 본식 촬영자들은 누구나 공감할 것이다.

자, 우리의 양심은 여기까지다. 이제는 보정이 남았다. 보정할 때만큼은 양심을 단호히 버린다. 신랑 신부님인 듯 아닌 듯, 고친 듯 안 고친 듯, 살을 뺀 듯 안 뺀 듯, 애플리케이션 같은 효과를 넣은 것처럼 연출해야 하지만, 절대 티가 나서는 안 된다. 최대한 자연스러워야 한다. 양심에 충실하여 있는 그대로, 즉 '사람처럼' 비율을 맞추어 보정본을 보내면 대부분 컴플레인이 들어온다. 그렇기에 정말 애플리케이션 효과를 과하게 사용하여 편집한 것처럼 이목구비도 재배치해 가며 '비양심적으로' 보정 작업을 한다. 작업하면서도 '이러다가 큰일 나겠다. 어쩌지?' 하는 마음이 든다. 하지만 그렇게 해서 보정본을 보내면, "이제야 저의 모습이 제대로 나왔네요. 이대로 진행해 주세요"라는 피드백이 돌아온다. 이런 경험을 여러 번 한 다음부터는, 양심적으로 촬영을 하되 수정 및 보정할 때만큼은 과감하게 양심을 뛰어넘는다!

그래서 우리 편집팀은 편집할 때 인체학 이론과 더불어 양심까지 다 버린다. 신부를 그야말로 '신God'으로, 세상에 없는 존재처럼 만들고자 한다. 요즘에는 상담할 때부터, 아예 '보호자 동의'를 받는다.

"저희가 간단히 '시술'을 해 드리는데,
만일 '수술'을 원하시면 신랑님의 동의가 필요합니다."

그러고는 시술은 어느 정도이고, 수술은 어느 정도인지

레퍼런스를 보여준다. 그러면 대부분 시술을 선택한다. 시술을 선택했다가도 촬영 후에는 수술로 변경하곤 하지만 말이다.

누군가의 소중한 순간을 대하는 태도

수많은 본식업체들 가운데 우리를 선택해 주었다는 사실 하나만으로도, 고객들은 우리에게 특별하다. 그렇기에 그야말로 작품 같은 결과물을 만들어 내는 것도 중요하지만, 성실하고 진실한 태도로 그 일에 임하는 모습을 보여주는 것도 중요하다. 이것은 고객에 대한 기본적인 에티켓이라고 생각한다. 촬영하면서 중간 중간 시계를 본다거나 하객 인사나 예식이 길어지면 짜증을 낸다거나 인사도 안 하고 그냥 가버리는 촬영자들이 종종 있다. 만약 돈이 아니라 신랑 신부라는 '사람'을 본다면 그런 태도를 보일 수 있을까 싶다.

우리는 고객의 최고의 순간을 사진으로 남기고 영상에 담는다. 그날은 모두가 행복하고 모두의 텐션이 정점을 찍는 날이다. 그날을 위해 어떤 신랑 신부는 생애 마지막 다이어트를 하기도 하고 건강 검진도 꼼꼼히 받으며 만반의 준비를 한다. 양가 부모님들도 좋은 옷을 차려입고 머리를 만지고 곱게 화장을 한다. 그리고 신랑 신부 양쪽의 지인들이 한자리에 모이는 아주 특별한 날이다. 다시는 오지 않을, 인생의 유일한 순간이다. 그러니 웬만하면 녹화 버튼을 끄지 않고, 컷 수도 아끼지 않아야 한다. 메모리카드가 넘칠지언정, 배터리가 다 닳을지언정 일분일초도 허투루 보내지 않고 최대한 그 소중한 순간들을 다 담으려 노력해야 하는 것이다.

본식 촬영을 하는 모든 이들이 자신이 찍고 있는 그 순간이 누군가의 인생에서 어떤 의미인지를 기억한다면 정말 좋겠다. 우리의 촬영물이 그에게 두고두고 기쁨으로 기억될 인생 최고의 선물이 될 수 있음을 생각한다면, 아무 영혼 없이 기계적으로 셔터를 누를 수 있을까? 그리고 그 선물을 받을 이를 진심으로 대하지 않을 수 있을까?

계약금과 위약금을 받지 말자

코로나19로 인해 결혼식을 연기하거나 취소하는 사례가 늘면서 위약금 때문에 고통받는 예비부부들이 많다. 우리 사무실에도 날마다 위약금 문의 전화가 빗발친다. 그러나 우리는 단 한 번도 취소 위약금을 받지 않았다. 그리고 고객이 예식을 취소하면, 100% 취소 및 환불 처리를 진행한다. 이미 정산을 한 상태라 우리 쪽에서 카드 수수료가 일부 나간 상황이라 할지라도, 그래서 우리가 다소 손해를 보는 상황이라 할지라도 100% 환불한다.

위약금과 계약금을 아예 받지 않는 것은, 창업 이래 계속 지켜 온 원칙이다. 하지만 웨딩업계에서 이런 방식으로 사업을 운영하는 업체는 아주 드물다. 대부분의 업체들이 계약금과 위약금을 아예 매출액으로 설정해 놓는다. 계속 그렇게 이어져 오다 보니, 안타깝게도 순수 매출만으로는 사업체를 운영하기가 힘든 구조가 되어 버린 것이 현실이다.

예컨대, 수많은 본식업체들이 무리하게 많은 스케줄을 잡아 놓고서, 촬영 인력을 확보하기 위해 선금을 주면서 프리랜서나 아르바이트생을 고용한다. 이 선금은 바로 고객에게서 받은 계약금으로 해결한다. 그리고 결혼식이 연기되거나 취소되어 선금 명목으로 지불한 금액만큼 마이너스가 나게 되면, 이 마이너스는 고객에게서 받아 낸 위약금으로 충당한다.

모든 사업이 고객들이 지불하는 비용으로 유지되고 굴러가긴 하지만, 웨딩업만큼 노골적으로 고객을 착취하는 구조를 띤 사업이 있을까 싶기도 하다. '평생 한 번'이라는 결혼에 대한 기대감과 설렘을 이용해 부당하게 이익을 챙기는 악덕 업주들 말고, 신랑 신부에게 고품질의 서비스를 제공하여 그

가치에 걸맞은 품값으로 당당하게 매출을 내는 웨딩업자를 보고 싶은 것은 너무 순진한 바람일까?

코로나 비상 특별 대책

어느 분야를 막론하고, 어려운 시기에는 정당하지 않은 방식을 합리화하는 분위기가 만연해진다. 웨딩업계도 예외가 아니다. 코로나 시기에 많은 고객들이 물어낸 결혼식 취소 위약금으로 업체 유지비와 인건비를 감당하는 것을 마치 웨딩업계의 IMF 시대를 나는 생존의 지혜인 양 여기는 이들이 많다.

'결혼이 죄송한' 시대에 웨딩업체들은 어떻게 사업을 운영해야 할까? 웨딩업계의 IMF 시대인 만큼 그런 식으로라도 돈을 벌어야 할까? 우리 회사도 고민이 많았다. 실제로 직원들이 본업인 이 일 외에 배달 아르바이트를 해 가며 힘들게 이 사업을 유지해 가고 있었다. 상황이 어려워지니 이제 그만 고집부리고 남들 하는 대로 좀 하라는 주변의 회유와 유혹도 많았다. 하지만 그 유혹에 빠지는 대신 우리는 '코로나19 비상 특별 대책'을 만들었다.

> *** 코로나로 인한 연기 및 취소 시 위약금 없습니다.**
>
> *** 야간 12시까지 상담 시간을 연장하여 고객 분들과 조금 더 소통하겠습니다.**
>
> *** 자체 제작한 코로나 예방 키트를 신청하시는 분들께 무료로 보내 드리겠습니다.**

뭔가 해보자는 거창한 목적을 가지고 시작한 일은 아니었다. 모두가 힘든 시기, 그저 어떻게 신랑 신부들에게 조금이라도 힘이 될까 고민하던 중 그나마 우리가 할 수 있는 일들을 찾은 것이다.

야간 상담을 진행하기 위해 임직원 부서별로 근무 시간을 조정했다. 상담 시간을 12시로 연장하겠다는 방침은 결혼 연기 및 취소를 결정하는 시간대가 주로 퇴근 이후 귀가하고 난 시점임을 고려한 것이었다. 퇴근 후 신랑과 신부 두 사람이 충분히 대화하고 결정한 후 언제든 상담할 수 있도록 말이다. 실제로 코로나로 인한 결혼 분쟁이 많아지면서 위약금을 문의하기 위해 전화하는 이들이 많았다.

그들은 이미 스튜디오, 드레스, 메이크업 업체에 수십만 원의 위약금을 물어낸 상황이었고, 본식업체인 우리 회사에 마지막으로 위약금을 문의하러 연락한 것이었다. 코로나로 인해 1년 정도 준비해 온 결혼 계획에 차질이 생긴 것만으로도 금전적으로나 정신적으로 많은 부담이 되는 상황이다. 사실 위로를 받아도 모자랄 판인데, 그런 고객들의 사정을 나 몰라라 하는 업체들의 냉랭한 태도에 고객들은 이중으로 상처를 받고 있었다.

울면서 위약금을 문의하는 전화가 너무 많이 걸려오니, 상담하는 우리 직원들도 점점 지쳐 가기 시작했다. 그래서 고객들에게 단체로 공지 문자를 띄웠다.

"신랑 신부님들, 울면서 전화하지 않으셔도 됩니다. 코로나로 인한 위약금은 일체 없고, 계약금은 100% 환불해 드립니다."

진심은 통한다

계약금이나 위약금이 주요한 수입원인 업체들과 다른 방식으로 사업을 운영하려 애쓰다 보니, 오히려 일이 없어서 돈을 벌지 못했던 시절도 있었다. 이럴 바에야 이 사업을 포기하는 것이 낫지 않을까 생각한 적도 많았다. 경제적 어려움 때문에 본업 말고 돈을 위해 부업을 뛰어야 하는 상황이 오면 정말 힘들다. 특히 나와 뜻을 같이한다고 여겼던 이들이 현실적인 어려움 앞에 무너지고 타협하는 모습을 보며 크게 좌절하기도 했다.

하지만 오히려 이런 양심적인 운영을 통해 고객들의 마음을 얻을 수 있었고, 그분들이 입소문을 내준 덕분에 우리 회사가 많이 알려졌다. 위약금을 받지 않는 운영 방식은 요즘과 같이 결혼 위약금 이슈가 불거진 때에 오히려 다른 업체들과의 차별점으로 인식되었다. 이런 결과를 처음부터 예상한 것은 아니었다. 그저 잔머리를 굴리지 않고 우직하게 옳다고 생각한 대로 사업을 운영했을 뿐이었다. 그러니 다른 업체들도 용기를 내었으면 좋겠다. 당연하게 여겨 왔던 수입이 없어지는 것이니 당장은 큰 손해라고 느껴질 수도 있다. 하지만 고객을 유익하게 하는 것이, 결국에는 그들에게 선택받는 길임을 기억했으면 좋겠다.

자체 경쟁력을 기르자

창업했을 무렵, 한 웨딩컨설팅업체로부터 제휴 제안을 받은 적이 있다. 그때만 해도 우리나라 웨딩 시장에 대한 이해가 부족했던 터라, 순진하게도 우리 회사가 납품하는 상품의 퀄리티만으로도 인정을 받아 입점할 수 있으리라고 생각했다. 하지만 우리와 제휴를 맺자던 업체가 우리에게 요구하는 것은 거액의 입점 보증금이었다.

당시 그 비용을 감당할 여력이 없기도 했지만, 먹이 사슬 같은 웨딩 시장의 비정한 구조를 맞닥뜨리고 적잖이 실망감을 느껴 제휴 제안을 거절했다. 이후로 10년 동안 일절 웨딩 컨설팅업체나 플래너업체를 통하지 않고 우리 회사 브랜딩을 자체적으로 하며 운영해 오다가, 작년에 우리나라 최대 웨딩컨설팅업체와 제휴를 맺게 되었다. 보증금을 내고 웨딩 컨설팅 또는 웨딩홀에 입점하는 일반적 관행과는 달리, 순전히 고객들의 입소문과 요청으로 당당히 입점한 것이었다. 이 경험을 계기로 업체가 웨딩컨설팅과의 제휴 관계에 의존하지 않고 자체 브랜딩 능력을 키우는 것이 중요함을 새삼 깨닫게 되었다.

제휴업체의 안일함

지금껏 수많은 웨딩업체들을 보면서 느낀 것 중 하나는, 웨딩컨설팅에 입점한 업체들이 마케팅과 관련해 모든 것을 웨딩컨설팅에 맡겨 버리는 안일한 모습을 보인다는 점이다. 뿐만 아니라 많은 업체들이 매출이 떨어질수록 내부 홍보 채널에 신경 쓰기보다는 더 무리하여 제휴사를 늘리고 외부 채

널에 로비를 함으로써 생명을 이어 나간다. 이런 업체가 많아질수록 어떻게 될까? 내실이 탄탄하지 않아도 대출 이자를 많이 내 가며 제휴사에 로비를 하여 오래 버티는 업체가 브랜드가 되어 살아남는 구조가 되어 버린다. 즉, 업체의 실력이 아니라 돈이 브랜드를 만드는 것이다. 이런 구조 안에서 정말 실력 있는 업체들은 점점 사라질 수밖에 없다. 숨겨진 귀한 업체들이 정말 많은데, 대부분 아쉽게도 고객에게 노출되지 않아서 알려지지 않은 경우가 많다.

웨딩컨설팅 및 제휴사들에 의존하는 대신 고객 한 명 한 명에게 정성을 다하고, 매출이 안 오를수록 외부 요인이 아니라 내부 요인이 무엇일까 끊임없이 고민하고 정비하는 업체가 결국엔 발전한다고 생각한다. 자체적으로 마케팅에 투자를 하고 경쟁력을 키우기 위한 노력에 힘써야 한다. 그런 노력을 하지 않은 채 웨딩컨설팅업체의 갑질만 문제 삼으며 '보증금을 이만큼 냈는데, 왜 우리에게 일을 안 주나?' 하고 못마땅하게 여겨서는 안 된다. 엄밀히 말해, 웨딩컨설팅업체가 일을 안 주는 것이 아니라 고객들이 일을 안 주는 것이다. 즉, 고객의 선택을 받지 못했다는 것이다. 자사를 고객에게 알리고 홍보하는 것은, 그 업체 자체의 실력과 가치일 수밖에 없다.

어느 웨딩 업종이나 마찬가지이겠지만, 내가 속해 있는 본식업체에 한정하여 이야기해 보고자 한다. 우리나라에는 본식업체가 굉장히 많다. 스튜디오 촬영과 달리 본식 촬영은 선택이 아니라 필수이다 보니, 너도 나도 본식업에 뛰어든다. 고객에게 선택받기 위해 치열한 경쟁이 동반될 수밖에 없는 상황이다. 그러나 안타깝게도, 건강한 경쟁이 이루어지지 못하고 타사를 염탐하거나 깎아내리는 식의 정직하지 못한 경쟁이 만연한 것이 현실이다.

그런데 생각을 조금만 바꿔 보면 어떨까? 어차피 각자가 대한민국의 모든 본식 촬영 일을 할 수 있는 것도 아닌데, 그렇게 정정당당하지 않은 경쟁을 하는 대신 서로가 서로를 발전시키는 건설적인 관계를 맺어 나가면 더 좋지 않을까? 웨딩 촬영업에 사명감을 가진 이 분야의 전문가라면, 오히려 동종업계와 협업하여 더 멋지고 전문적인 웨딩 콘텐츠 시장을 만드는 것이 자사와 우리 시장 전체에 긍정적인 영향을 미칠 것이다.

강남을 고집하지 않는다

'웨딩의 거리'라고 들어 보았는가? 강남구 청담동과 압구정동 일대에 웨딩업체들이 밀집한 지역을 일컫는 말이다. 이러한 지역적 특성 때문에 이 일대는 패션 특구로 지정되기도 했다. '웨딩 하면 강남'이라는 인식이 워낙에 강하게 퍼져 있다 보니, 지방에서 결혼하는 이들도 무리한 출장비를 감수하면서까지 강남에 있는 웨딩숍을 찾는 실정이다. 고객들이 강남을 찾으니, 웨딩업에 종사하는 이들도 막대한 유지비용을 감내하면서라도 강남을 떠나지 않으려고 한다. 이처럼 강남이라는 지역적 메리트는 웨딩업자들에게 포기하기 힘든 요소다.

그런데 최근에 우리 회사는 강남을 떠나 강서구로 사무실을 옮겼다. 코로나 때문에 웨딩 촬영 일이 줄어들 것이라 예상했기에 고정비를 줄여야 한다는 판단도 있었지만, 무엇보다도 강남역 주변에 확진자가 속출하는 상황이었기 때문에 내린 결정이었다. 웨딩 상담이나 웨딩 촬영지를 생각해도 강남이 여러모로 편의적인 강점이 많지만, 우리 임직원과 고객의 안전을 최우선으로 생각해서 내린 결정이었다.

많은 업체 대표님들이 그런 나를 극구 만류했었다. 우리나라 웨딩 역사상 웨딩업체가 강서에 있었던 사례가 단 한 번도 없었기 때문이다. 그런데 실제로 일어난 결과는 모두의 예상을 뒤엎었다. 매출액이 이전보다 10배 이상 뛴 것이다. 뿐만 아니라, 유지비용이 강남에 있을 때보다 훨씬 절감되어, 그 돈으로 오히려 신랑 신부를 위한 서비스의 질을 더 높일 수 있었다. 코로나 예방 키트도 그러한 서비스 가운데 하나였다.

웨딩업에 종사하는 이들이 강남에 사업장을 두는 것에 너무 목매지 않았으면 좋겠다. 강남을 과감히 벗어나 유지비용을 줄이고, 오히려 그 비용으로 다른 부분을 보강하는 것이 지혜로운 결정이라고 자신 있게 말할 수 있다. 우리 회사의 경우, 강서 지역으로 사업장을 옮긴 후로 매출 상황이 훨씬 좋아졌다. 온라인 플랫폼에서 따로 특별한 영업 활동을 하지 않았다. 고객들 사이에 입소문이 퍼져 많은 이들이 우리를 찾아 준 결과였다. 물론 그간 쌓아온 브랜드 이미지도 무시할 수 없겠지만, 아마 강남 지역을 계속 고집했더라면 지금처럼 고객을 위한 양질의 서비스를 더 개발하고 투자하기는 어려웠을 것이다.

웨딩업체에서 대표 얼굴을 당당하게 내걸고 영업하는 경우는 극히 드물다. 전과가 없는 게 당연하지 않을 정도로 온갖 비리와 암투가 무성한 영역이 바로 웨딩업계이기 때문이다. 그래서일까? 수많은 웨딩업체가 집결해 있는 강남 지역을 관할하는 강남경찰서는 웨딩업자들이 가장 가기 싫어하는 곳이다. 나는 그 무서운(?) 곳에 재능을 기부하겠다고 내 발로 찾아갔다. 웨딩업자가 제 발로 강남경찰서를 찾아온다는 것은 매우 이례적이고도 뜻밖의 일이라, 다들 의아해했다.

그분들의 증명사진을 찍어 드리겠다고 자청했다. 촬영과 보정은 무료로 해드렸고, 파일을 원하시는 분들에게는 메일로 전송해 드렸다. 그리고 인화를 원하시는 분들을 위해 5천원 이상의 금액을 자유롭게 넣을 수 있는 모금함을 만들어 놓았다. 이 금액에서 인화 제작비를 제한 나머지는 형편이 어려운 분들의 결혼을 돕는 데 쓰거나 교회 및 초록우산어린이재단에 기부했다. 또한 이것이 인연이 되어 서울지방경찰청 기동본부 및 여러 기업들과 제휴를 맺고 이 사회에 우리의 재능으로 도움이 될 만한 활동들을 계속해 나가고 있다.

이처럼 재능을 기부하여 지역 사회 발전에 기여하는 것은 우리 회사뿐만이 아니다. 다문화 가정의 부부나 형편이 따라주지 않아 결혼식을 올리지 못한 이들이 예식을 올릴 수 있도록 기꺼이 무료 결혼식에 필요한 것들을 지원하는 웨딩업자들의 이야기를 간간이 듣곤 한다. 이런 이야기들이 더 많이 들렸으면 좋겠다. 영업 이익을 많게는 50%씩 남기는 웨딩업계가 이러한 재능 기부를 통해 더욱 적극적으로 그동안의 이익을 사회에 환원함으로써 또 다른 웨딩 문화의 아름다운 관행이 만들어지기를 바란다.

우리가 이 사회에 도움이 되는 길은, 이런 것들만 있는 것이 아니다. '결송한' 시국에 절박한 신랑 신부의 상황을 이용해 돈을 버는 방식을 택하지 않고, 모두의 어려움에 공감을 표현하는 것, 그리고 우리가 할 수 있는 일들을 찾아서 하는 것도 우리의 재능을 기부하는 한 방법이라고 생각한다. 나는 고객들이 단순히 우리의 촬영 테크닉이 아니라 더 중요한 것에 반응했다고 생각한다. 우리가 보인 공감과 코로나 예방 키트라는 작은 선물, 신랑 신부를 배려한 운영 방침들. 크고 거창한 것이 아니었지만, 작지만 진심 어린 노력들을 고객들이 알아주었다고 생각한다.

진정한 웨딩 전문가란

이 일을 잘하는 비결은 단 하나다. 철저히 신랑 신부의 입장에서 생각하고 고려한 서비스를 지향하는 것이다. 그것이 이 업의 본질에 충실한 태도가 아닐까? 상품의 구성을 짤 때도 '내가 고객이라면' 이 가격에 이 구성을 과연 좋아할까 고민한다. 먼저 구성에 초점을 맞추어 생각한 뒤, 이 구성에 비용을 지불할 그들의 경제적 사정을 고려하여 가격을 정한다. 우리가 고민할수록 고객이 쓰는 비용이 현실적으로 절감되는 모습을 보면 뿌듯하다. 마치 내 결혼식인 것처럼 이렇게 고심하고 고민하다 보면 때로는 생각지도 못한 아이디어가 나오기도 한다. 무엇보다 고객과 비슷한 세대인지라 그들의 사정과 입장을 잘 이해할 수 있다는 점도 한몫하는 것 같다.

요즘은 웨딩컨설팅업체나 드레스숍이 줄줄이 문을 닫고, 웨딩플래너들도 임금을 받지 못해 많이 그만두는 실정이지만, 그 와중에도 웨딩 사업을 진정으로 사랑하여 누군가의 인생에서 의미 있는 한 장면을 아름답게 만드는 일에 사명감을 가지고 일하는 분들이 있다. 그분들은 지금과 같은 어려운 상황 속에서도, 부담되지 않는 선에서 금액을 조정하여 상황에 맞는 구성을 선보이거나 위약금을 받지 않음으로써 어떻게 해서든 신랑 신부의 입장을 헤아리고 그들과 함께하려고 한다. 나는 그분들이 단순히 돈을 위해 이 일을 하는 것이 아니라, 정말로 이 일 자체를 사랑하는 사람들이라고 생각한다. 그렇기에 신랑 신부들을 진정으로 위할 수 있고, 그들을 축복할 수 있는 것이다.

웨딩업계에 그런 마인드를 가진 이들이 더더욱 많아졌으면 하는 바람이다. 단지 돈이 목적이라면 이 업계에 뛰어들지 말아야 한다. 웨딩업뿐만 아니라 어떤 일이든 마찬가지라고 생각한다. 어떤 일을 하는 진짜 목적은 '그 일의 대상이 되는 존재를 이롭게 하는 것'이 되어야 하지 않을까? 이런 마인드를 가지고 일을 한다면 결과적으로 돈은 따라온다고 생각한다. 이런 우선순위를 제대로 세우는 태도야말로 진정한 전문가다운 마인드일 것이다. 내가 몸담고 있는 웨딩업계가 이 일 자체를 사랑하는 전문가들이 모여 진심으로 신랑 신부에게 도움이 되고자 노력하는 장이 되었으면 좋겠다. 또한, 그런 사람들이 정당하게 돈을 벌고 브랜드로서 오랫동안 사랑받는 구조가 되었으면 좋겠다.

Epilogue

지금까지 이 사업을 해 오면서 가장 주안점을 둔 부분은, 업계에서 통상적으로 이루어지는 부조리한 관행을 따르지 않는 것이었다. 웨딩컨설팅이 독식하는 시장 구조에 영향 받지 않고 정직하게 실력으로 승부하는 업체가 되고 싶었다. 물론, 이미 굳어진 시장 안에서 다른 업체들과 차별되는 방식을 택하는 것은 때로는 손해를 감수해야 하는 길이었다.

그러나 다소 시간이 걸리더라도 우직하게 소신을 지키며 나아가는 업체는 누군가가 반드시 알아줄 것이라고 확신한다. 그 진심을 알아보는 고객들이 분명 존재한다. 이는 10년 넘게 이 일을 하면서 직접 경험한 바다. 그래서 그간의 경험을 공유하면서 이것이 결코 손해 보는 길이 아님을, 쉽지는 않지만 그래도 가 볼 만한 길임을 이 작은 책에서 이야기해 보고자 했다.

그리고 끊임없이 선택의 기로에 설 수밖에 없는 결혼 준비 과정에 믿음직한 조언자로 예비부부들과 함께하기를 바라는 마음으로 이 책을 썼다. 모든 정답을 알려 주지는 않겠지만, 이 책이 적어도 틀린 방향으로는 가지 않게끔 길잡이 역할을 하리라 기대하는 마음을 가득 담아서 말이다.

결혼 준비는 누구나 어렵다. 생소한 용어를 접하고 새로운 정보를 익히는 피로감과 무엇이 맞는지 확신할 수 없는 상태에서 가해지는 선택의 압박. 짧지 않은 시간 동안 준비하며 막바지에 다다를 때는 두 사람 모두 녹초가 되어 '이 모든 것이 빨리 끝나 버렸으면' 하는 마음뿐일 것이다.

하지만 이 사실을 기억했으면 좋겠다. '결혼식' 준비는 결혼 준비의 극히 일부임을. 결혼식은 만인에게 두 사람의 새 출발을 알리는 중요한 의식이지만, 어찌 보면 한 시간 남짓 하는 행사에 불과하다. 앞으로 평생 이어질 결혼 생활에 비하면 찰나의 순간인 것이다. 그런데 그 순간을 화려하고 아름답게 보이는 데 치중하느라 더 중요한 것을 놓치지 않았으면 좋겠다.

또한, 결혼의 주체가 신랑과 신부 두 사람이어야 함도 잊지 말길 바란다. 결혼 준비는 수많은 선택의 연속인데, 이 모든 선택의 기준이 다른 이의 선호도나 시선이 아닌, 결혼 당사자들 본인들의 필요와 우선순위였으면 좋겠다.

끝으로, 사랑하는 가족들과 함께하는 동료들, 그리고 그동안 나의 진심을 알아주고 나의 노력을 인정해 준 수많은 신랑 신부님들께 이 공간을 빌려 감사의 마음을 전하고 싶다.

매일 결혼하는 남자

초판 1쇄 발행 2022년 1월 3일

지은이 강경남(매결남)
펴낸이 박성인

책임편집 김희정
편집 강하나, 이다현
마케팅 김멜리띠나
경영관리 김일환
디자인 213ho

펴낸곳 허들링북스
출판등록 2020년 3월 27일 제2020-000036호
주소 서울시 강서구 공항대로 219, 3층 309-1호(마곡동, 센테니아)
전화 02-2668-9692 **팩스** 02-2668-9693
이메일 contents@huddlingbooks.com

ISBN 979-11-91505-09-2(03590)